视觉问答

理论与实践

Visual Question Answering

From Theory to Application

吴琦 王鹏 王鑫 何晓冬 朱文武◎著

王鑫 聂婕 朱文武◎译

电子工业出版社·

Publishing House of Electronics Industry

北京·BEIJING

内 容 简 介

视觉问答任务要求机器根据指定的视觉图像内容，对单轮或多轮的自然语言问题进行作答。其本质上是一个多学科的研究问题，涉及计算机视觉、自然语言处理、知识表示与推理等。

本书共 5 部分，第 1 部分介绍在计算机视觉和自然语言处理领域广泛使用的基本方法和技术，包括卷积神经网络、序列建模和注意力机制等。本书将视觉问答分为图像和视频方法。第 2 部分将图像视觉问答进一步分为 5 类，即联合嵌入、注意力机制、记忆网络、组合推理和图神经网络。此外，概述基于图像的其他视觉问答任务，例如基于知识的视觉问答、视觉问答的视觉和语言预训练。第 3 部分讨论基于视频的视觉问答及其相关模型。第 4 部分讨论与视觉问答相关的高级任务，包括具身视觉问答、医学视觉问答、基于文本的视觉问答、视觉问题生成、视觉对话和指代表达理解，它们是视觉问答任务的扩展。第 5 部分对该领域进行总结与展望，讨论视觉问答领域的未来研究方向。

本书既可以作为视觉问答领域关键模型的综述，也可作为计算机视觉和自然语言处理领域的研究人员，尤其是专注于视觉问答的研究人员和学生的教材。

First published in English under the title

Visual Question Answering: From Theory to Application

by Qi Wu, Peng Wang, Xin Wang, Xiaodong He and Wenwu Zhu

Copyright © Qi Wu, Peng Wang, Xin Wang, Xiaodong He and Wenwu Zhu, 2022

This edition has been translated and published under licence from

Springer Nature Singapore Pte Ltd.

本书中文简体版专有版权由 Springer Nature Singapore Pte Ltd. 授予电子工业出版社。专有出版权受法律保护。未经许可，不得以任何方式复制或抄袭本书之部分或全部内容。版权所有，侵权必究。

版权贸易合同登记号　图字：01-2024-1116

图书在版编目（CIP）数据

视觉问答：理论与实践/吴琦等著；王鑫，聂婕，

朱文武译. -- 北京：电子工业出版社，2024.7

书名原文：Visual Question Answering: From

Theory to Application

ISBN 978-7-121-47531-3

Ⅰ. ①视… Ⅱ. ①吴… ②王… ③聂… ④朱… Ⅲ.

①计算机视觉－图像处理－问题解答 Ⅳ.

①TP391.413-44

中国国家版本馆 CIP 数据核字（2024）第 055852 号

责任编辑：宋亚东

印　　刷：中国电影出版社印刷厂

装　　订：中国电影出版社印刷厂

出版发行：电子工业出版社

　　　　　北京市海淀区万寿路 173 信箱　　　邮编：100036

开　　本：720×1000　1/16　　印张：15.25　　字数：341 千字

版　　次：2024 年 7 月第 1 版

印　　次：2024 年 7 月第 1 次印刷

定　　价：118.00 元

凡所购买电子工业出版社图书有缺损问题，请向购买书店调换。若书店售缺，请与本社发行部联系，联系及邮购电话：（010）88254888，88258888。

质量投诉请发邮件至 zlts@phei.com.cn，盗版侵权举报请发邮件至 dbqq@phei.com.cn。

本书咨询联系方式：syd@phei.com.cn。

For the people who have lost their lives during the COVID-19 pandemic, including my father, Zhiwei Wu, who always supported me in life.

——吴　琦

　　视觉问答如同璀璨的繁星，照亮了人工智能领域的广阔天空。正如约瑟夫·穆勒所说，"视觉是最具震撼力的语言"。图像和视频以其直观、生动的特性，跨越语言障碍，使不同文化、不同背景的人们，甚至非生命体之间能够相互理解与交流。在当今信息爆炸的时代，我们如何更好地解读这些图像和视频，并从中获取有价值的信息和启示呢？

　　在此背景下，视觉问答（Visual Question Answering，VQA）技术应运而生，其重要性与应用日益凸显。首先，视觉问答为信息检索提供了全新的范式。传统的信息检索主要依赖于文本搜索，而视觉内容的信息比文字更加丰富和直观。视觉问答技术允许用户直接针对图像或视频中的内容提出问题，并获得精确的答案，从而显著地提高了信息检索的效率和准确率。其次，视觉问答技术有助于推动人工智能技术的进一步发展——它融合了计算机视觉和自然语言处理两大领域的技术，要求系统能够同时理解图像、视频和文字信息，并进行逻辑推理与生成答案。

　　在本书中，作者全面且深入地剖析了视觉问答的理论基础、关键技术、经典数据集，以及它们在实际场景中的应用方法。在基础理论部分，本书解释了视觉问答任务中涉及的深度学习与自然语言处理等基础知识，并介绍了相关的基础模型和算法。在模型构建方面，本书详细介绍了多种视觉特征表示模型的架构和原理，并探讨了基于知识的视觉问答、基于文本的视觉问答和视觉问题生成等前沿技术。此外，本书还重点关注数据集构建这一重要环节，介绍了多个经典数据集的内容、特点和使用场景，供读者进行实践和研究。最后，本书展望了视觉问答领域的未来发展方向，探讨了可能的技术创新和应用场景，为读者提供了对未来发展的思考和启示。无论是初学者还是资深研究者，都能从中获益匪浅。

随着视觉问答技术的不断发展，我相信这部著作将发挥越来越重要的作用。同时，我也期待更多的学者加入这个领域，共同为视觉问答研究的发展贡献智慧和力量。

田奇

华为云人工智能领域首席科学家

国际欧亚科学院院士

IEEE Fellow

在浩瀚无垠的宇宙中，信息以各种形式交织成一张错综复杂的网。人类，作为这张网中最为璀璨的节点，渴望探索并理解宇宙背后的规律与奥秘。人工智能，则如同一位睿智的先知，引领我们拨开迷雾，洞察真相。

视觉问答便是人工智能领域中一颗璀璨的明珠。视觉问答将计算机视觉与自然语言处理两大领域巧妙融合，赋予机器以"看"与"说"的能力，使其能够理解图像、视频的丰富内涵，并通过自然语言精准地回答问题。

正如宇宙中星辰的排列组合蕴含着无尽的奥秘，视觉问答领域也同样充满了挑战与机遇。如何让机器准确理解图像和视频中的信息？如何将视觉内容与自然语言进行有效的结合？如何构建强大的视觉问答模型？都是摆在研究者面前的重要课题。

本书以清晰的逻辑结构，丰富的内容，系统地介绍了视觉问答的基础理论、模型构建、数据集构建及未来发展方向。从深度学习和自然语言处理的基础知识，到卷积神经网络、序列建模和注意力机制等关键技术，本书为读者提供了坚实的理论基础和技术支撑。

本书的核心内容包括视觉问答模型的分类和构建。作者将视觉问答任务分为图像和视频两大类，进而细分为联合嵌入、注意力机制、记忆网络、组合推理和图神经网络等五类，对每类模型都进行了详细的介绍和分析。此外，作者还探讨了基于知识的视觉问答、基于视频的视觉问答等新兴视觉问答任务，拓宽了读者的视野。

展望未来，视觉问答领域仍有无限可能。新兴方向，如具身视觉问答、医学视觉问答和视觉对话等，将为视觉问答技术带来新的突破和更广泛的应用场景。无论是视觉问答领域的研究人员，还是对计算机视觉、自然语言处理以及人工智能感兴趣的读者，都能从这部兼具理论深度和实践指导的优秀著作中获益。

梅涛

加拿大工程院外籍院士

智象未来创始人兼 CEO

  视觉问答（Visual Question Answering, VQA）是结合了计算机视觉（Computer Vision, CV）和自然语言处理（Natural Language Processing, NLP）的一项基本任务。视觉问答受到计算机视觉、自然语言处理和其他各种人工智能社区的广泛关注，作为计算机视觉和自然语言处理的桥梁，其任务目标是根据图像的视觉信息推理问题的正确答案。在最常见的视觉问答形式中，计算机接收图像和关于图像的文本问题，随后需确定正确答案，并以几个单词或短语的形式呈现。视觉问答还具备多种变体，包括二进制（是或否）、多项选择题设置和开放式问答等。

  视觉问答与计算机视觉中其他任务的一个关键区别是，其要回答的问题直到运行时才能确定。在传统的分割或目标检测等任务中，一个算法要回答的问题是预先确定的，只有输入图像是变化的。相比之下，在视觉问答任务中，问题的形式和回答它所需的操作集是未知的。这项任务与图像理解的挑战相关联。特别是视觉问答与语篇问答任务相关，其中答案必须在特定的语篇叙事（阅读理解）或大型知识库（信息检索）中寻求。文本问答已经被自然语言处理界研究了很长时间，视觉问答代表了它对额外的视觉支持信息的扩展。值得注意的是，这种扩展伴随着一个重大的挑战，因为图像比纯文本具有更多的维度和更多的噪声。同时，图像缺乏语言的结构和语法规则，没有直接等价于句法解析器和正则表达式的自然语言处理工具。此外，图像更多地捕捉了现实世界的丰富性，而自然语言代表了更高层次的抽象。例如，"一顶红帽子"短语和它可以被描绘出来的众多表示形式，在这些表征中，许多风格是短句无法描述的。随着计算机视觉和自然语言处理技术的成熟，以及相关大规模数据集的出现，人们对视觉问答越来越感兴趣。因此，近五年出现了大量关于视觉问答的文献和开创性模型。本书的写作目的是提供一个对新兴领域的全面概述，涵盖基础理论、模型、数据集及未来方向。

　　本书既可以作为视觉问答领域关键模型的综述，也可以作为计算机视觉和自然语言处理领域的研究人员，尤其是专注于视觉问答的研究人员和学生的教材。希望读者通过阅读本书获得关于计算机视觉和自然语言处理领域中不同流行理论和模型的认知。此外，本书可以帮助学生（尤其是研究生）系统地理解计算机视觉和自然语言处理的概念和方法。通过一组多样化的应用程序和任务，探索使用不同的模型解决现实世界的视觉问答问题。读者只需要掌握基本的机器学习和深度学习知识即可理解这些主题。

　　本书共 5 部分。第 1 部分介绍在计算机视觉和自然语言处理领域广泛使用的基本方法和技术，包括卷积神经网络、序列建模和注意力机制等。本书将视觉问答分为图像和视频方法。第 2 部分将图像视觉问答进一步分为 5 类，即联合嵌入、注意力机制、记忆网络、组合推理和图神经网络。此外，概述基于图像的其他视觉问答任务，例如基于知识的视觉问答、视觉问答的视觉和语言预训练。第 3 部分讨论基于视频的视觉问答及其相关模型。第 4 部分讨论与视觉问答相关的高级任务，包括具身视觉问答、医学视觉问答、基于文本的视觉问答、视觉问题生成、视觉对话和指代表达理解，它们是视觉问答任务的扩展。第 5 部分对该领域进行总结与展望，讨论视觉问答领域的未来研究方向。

吴琦

澳大利亚阿德莱德大学

读者服务

微信扫码回复：47531
- 加入本书读者交流群，与更多读者互动。
- 获取【百场业界大咖直播合集】（持续更新），
  仅需 1 元。

目录

CONTENTS

第 1 章　简介 ··· 1

1.1　视觉问答的动机 ·· 1

1.2　人工智能任务中的视觉问答 ···················· 4

1.3　视觉问答类别 ··· 5

　　1.3.1　数据分类驱动 ································ 6

　　1.3.2　任务分类驱动 ································ 7

　　1.3.3　其他 ··· 7

参考文献 ··· 8

第 1 部分　基础理论

第 2 章　深度学习基础 ··································· 15

2.1　神经网络 ··· 15

2.2　卷积神经网络 ·· 17

2.3　循环神经网络及变体 ·································· 18

2.4　编码器-解码器结构 ···································· 20

2.5　注意力机制 ··· 20

2.6　记忆网络 ··· 21

2.7　Transformer 网络和 BERT ······················· 22

2.8　图神经网络 ··· 24

参考文献 ·· 25

第 3 章　问答基础知识 ·· 27

3.1　基于规则的方法 ·· 27

3.2　基于信息检索的方法 ······································ 28

3.3　问答的神经语义解析 ······································ 29

3.4　问答知识库 ·· 29

参考文献 ·· 30

第 2 部分　图像视觉问答

第 4 章　经典视觉问答 ·· 35

4.1　简介 ·· 35

4.2　数据集 ·· 36

4.3　生成与分类：两种回答策略 ································ 40

4.4　联合嵌入 ·· 40

4.4.1　序列到序列编码器-解码器模型 ························ 40

4.4.2　双线性编码模型 ···································· 43

4.5　注意力机制 ·· 45

4.5.1　堆叠注意力网络 ···································· 45

4.5.2　分层问题-图像协同注意力 ···························· 47

4.5.3　自底向上和自顶向下的注意力 ························ 49

4.6　记忆网络 ·· 51

4.6.1　改进的动态记忆网络 ································ 51

4.6.2　记忆增强网络 ······································ 52

4.7　组合推理 ·· 54

4.7.1　神经模块网络 ······································ 55

4.7.2　动态神经模块网络 ·································· 56

4.8　图神经网络 ·· 58

4.8.1　图卷积网络 ·· 58

4.8.2　图注意力网络 ······································ 60

4.8.3　视觉问答图卷积网络 ································ 62

　　　4.8.4　视觉问答图注意力网络 ·········· 63

　参考文献 ···················· 66

第 5 章　基于知识的视觉问答 ············· 71

　5.1　简介 ···················· 71

　5.2　数据集 ··················· 72

　5.3　知识库 ··················· 74

　　　5.3.1　数据库百科 ············· 74

　　　5.3.2　ConceptNet ············· 74

　5.4　知识嵌入 ················· 75

　　　5.4.1　文字对矢量表示法 ·········· 75

　　　5.4.2　基于 BERT 的表征 ·········· 78

　5.5　问题-查询转换 ·············· 79

　　　5.5.1　基于查询映射的方法 ········· 79

　　　5.5.2　基于学习的方法 ··········· 81

　5.6　查询知识库的方法 ············ 82

　　　5.6.1　RDF ················ 82

　　　5.6.2　记忆网查询 ············· 83

　参考文献 ···················· 84

第 6 章　视觉问答的视觉和语言预训练 ········ 88

　6.1　简介 ···················· 88

　6.2　常规预训练模型 ·············· 89

　　　6.2.1　ELMo ················ 89

　　　6.2.2　GPT ················ 89

　　　6.2.3　MLM ················ 90

　6.3　视觉和语言预训练的常用方法 ······· 93

　　　6.3.1　单流方法 ·············· 94

　　　6.3.2　双流方法 ·············· 96

　6.4　视觉问答及其下游任务微调 ········· 98

　参考文献 ···················· 101

第 3 部分　视频视觉问答

第 7 章　视频表征学习 ···105

7.1　人工标注的局部视频描述符 ·····················105

7.2　数据驱动的深度学习的视频特征表示 ·············107

7.3　视频表征的自监督学习 ·······························109

参考文献 ··110

第 8 章　视频问答 ···112

8.1　简介 ···112

8.2　数据集 ···112

8.2.1　多步推理数据集 ·······························113

8.2.2　单步推理数据集 ·······························116

8.3　使用编码器-解码器结构的传统视频时空推理 ·······118

参考文献 ··123

第 9 章　视频问答的高级模型 ·······························126

9.1　时空特征注意力 ·······································126

9.2　记忆网络 ···129

9.3　时空图神经网络 ·······································130

参考文献 ··132

第 4 部分　视觉问答高级任务

第 10 章　具身视觉问答 ·····································137

10.1　简介 ···137

10.2　模拟器、数据集和评估指标 ·······················138

10.2.1　模拟器 ···138

10.2.2　数据集 ···140

10.2.3　评估指标 ··141

10.3　语言引导的视觉导航 ·································142

10.3.1　视觉和语言导航 ·······························142

　　　　10.3.2　远程对象定位 ···················· 147

　　10.4　具身问答 ······························ 148

　　10.5　交互式问答 ·························· 150

　　参考文献 ································· 151

第 11 章　医学视觉问答 ······················ 153

　　11.1　简介 ······························ 153

　　11.2　数据集 ···························· 154

　　11.3　医学视觉问答的经典方法 ·············· 156

　　11.4　医学视觉问答的元学习方法 ············ 159

　　11.5　基于 BERT 的医学视觉问答方法 ········· 160

　　参考文献 ································ 162

第 12 章　基于文本的视觉问答 ················ 165

　　12.1　简介 ······························ 165

　　12.2　数据集 ···························· 166

　　　　12.2.1　TextVQA ···················· 166

　　　　12.2.2　ST-VQA ···················· 167

　　　　12.2.3　OCR-VQA ···················· 168

　　12.3　OCR 标记表示 ···················· 168

　　12.4　简单融合模型 ···················· 169

　　12.5　基于 Transformer 的模型 ·············· 170

　　12.6　图模型 ···························· 172

　　参考文献 ································ 173

第 13 章　视觉问题生成 ······················ 176

　　13.1　简介 ······························ 176

　　13.2　数据融合中的视觉问题生成 ············ 176

　　　　13.2.1　从答案生成问题 ················ 177

　　　　13.2.2　从图像生成问题 ················ 178

　　　　13.2.3　对抗学习 ···················· 179

13.3 作为视觉理解问题的视觉问题生成 ································· 180

参考文献 ·· 182

第 14 章 视觉对话 ·· 185

14.1 简介 ·· 185

14.2 数据集 ··· 186

14.3 注意力机制 ··· 187

    14.3.1 具有注意力的分层循环编码器和记忆网络 ················· 187

    14.3.2 历史条件图像注意力编码器 ································· 188

    14.3.3 序列协同注意力生成模型 ······································ 190

    14.3.4 协同网络 ··· 192

14.4 视觉指代表达理解 ··· 194

14.5 基于图的方法 ·· 195

    14.5.1 视觉表示的场景图 ·· 196

    14.5.2 用于视觉和对话表示的图卷积网络 ························ 197

14.6 预训练模型 ··· 199

    14.6.1 VD-BERT ·· 200

    14.6.2 Visual-Dialog BERT ··· 201

参考文献 ·· 202

第 15 章 指代表达理解 ·· 204

15.1 简介 ·· 204

15.2 数据集 ··· 205

15.3 二阶段模型 ··· 206

    15.3.1 联合嵌入 ··· 206

    15.3.2 协同注意力模型 ·· 208

    15.3.3 图模型 ·· 209

15.4 一阶段模型 ··· 211

15.5 推理过程理解 ·· 212

参考文献 ·· 213

第 5 部分　总结与展望

第 16 章　总结与展望 ·· 219

16.1　总结 ··· 219

16.2　展望 ··· 219

　16.2.1　视觉问答的可解释性 ··· 219

　16.2.2　消除偏见 ··· 220

　16.2.3　附加设置及应用 ··· 221

参考文献 ··· 221

第 1 章
CHAPTER 1

简介

视觉问答（Visual Question Answering, VQA）是一项具有挑战性的任务，近年来受到了计算机视觉（Computer Vision, CV）、自然语言处理（Natural Language Processing, NLP）等领域越来越多的研究者的关注。其任务形式是给定一幅图像和一个对应自然语言格式的问题，需要对图像的视觉元素和常识进行推理，以推断出正确的答案。本章先解释视觉问答背后的动机，即这项新任务的必要性及人工智能领域可以从中获得的益处。随后，从不同的角度对视觉问答问题进行分类，包括数据角度和任务角度。最后，对本书的结构进行概述。

1.1 视觉问答的动机

视觉问答[1] 的研究动机起源于图像描述[2 7]，后者将计算机视觉和自然语言处理领域连接起来，以研究图像理解能力并打破两个领域间的壁垒。图 1-1 展示了图像描述和视觉问答的例子。

Image Captioning: A group of people enjoying a sunny day at the beach with umbrellas in the sand.

Visual Question Answering:
Q: Why do they have umbrellas? A: Shade.
Q: What is the pattern of the umbrellas? A: Stripe.
Q: Is this a sunny day? A: Yes.
Q: How many stripe umbrellas are here? A: 2
Q: Where is this place? A: Beach
Q: What is in the back? A: Mountains and trees.

图 1-1 图像描述和视觉问答

计算机视觉和自然语言处理是两个独立的研究领域。计算机视觉旨在教机器如何"看"，涉及获取、处理和理解图像的方法。相比之下，自然语言处理的目标是教机器如何"读"，专注于实现计算机和人类之间的自然语言交互。计算机视觉和自然语言处理都属于人工智能领域，并且都有着以机器学习为基础的相似的研究方法。

近几十年来，这两个领域都取得了显著进展。此外，视觉数据和文本数据的爆炸式增长正在推动这两个领域的合作。例如，对图像描述的研究，如自动图像描述 [3,7-11]，已经产生了从图像和文本输入中联合学习并形成高级表示的强大方法。一种流行的方法是将用于目标识别任务的卷积神经网络与循环神经网络结合，以生成单词序列。

在视觉问答中，模型被输入图像和关于图像的文本问题。模型必须预测出该问题的正确答案，答案通常以单词或短语的形式呈现。相关的任务变体还包括二进制（是/否）[1,12] 和多项选择题 [1,13]，在这些设置中提供了候选答案。与此密切相关的任务是"填空" [14]，其中描述图像的问题为一个存在缺失单词的句子，这实际上是以陈述的形式提出问题。

视觉问答与计算机视觉中的其他任务之间的一个显著区别是，视觉问答要回答的问题直到运行时才能确定。在传统的目标检测、图像分类和图像分割等问题中，算法要回答的单一问题是预先确定的，只有输入的图像会发生变化。例如，目标检测的问题是"×××在图像位置中的哪个区域？"图像分类的问题是"×××在图像中吗？"其中"×××"是指一个对象标签，所有这些问题都是预先确定的，标签空间也是已知的。图 1-2 为目标检测和图像分类任务可以看作视觉问答问题的一个示例。

目标检测：
Q: Where is the cat in the image?
A: <x,y,w,h>

图像分类：
Q: Is there a cat in the image?
A: Yes

Q: Is there a car in the image?
A: No

图 1-2　目标检测和图像分类任务可以看作视觉问答问题

相反，在视觉问答中，问题的形式是未知的，回答这个问题所需的一系列操作也是未知的。从这个角度看，这项任务密切地反映了机器理解图像面临的挑战。视觉问答与文本问答有关，在文本问答中，答案是在特定的文本叙述（阅读理解）或大型知识库（信息检索）中找到的。一般来说，文本问答一直是自然语言处理领域的研究热点，而视觉问答代表着文本问答任务向视觉领域的延伸。然而，视觉问答相当具有挑战性，因为图像和视频比纯文本具有更多的维度和噪声。

　　此外，图像和视频缺乏语言的结构和语法规则，它们没有与自然语言处理中句法解析器、正则表达式等直接对应的工具。作为物理世界的二维投影，图像中出现的内容变体可以是无限的，识别视觉世界的结构和语法规则是非常具有挑战性的。

　　图像捕捉了真实世界更多的丰富内容，而自然语言代表了更高层次的抽象水平。例如，在谷歌中搜索"一顶红帽子"，可以描绘出多种表象，如图 1-3 所示，而其中一些表象无法用简短的句子描述。

图 1-3　在谷歌中搜索"一顶红帽子"返回的图像

　　视觉问答相对于图像标注来说更为复杂，原因在于它通常需要图像中不存在的信息。这些信息包括常识和领域知识。在这种情况下，视觉问答成了一项真正需要人工智能才能完成的任务 [1]，原因在于它需要单个子域以外的多模态知识。此外，在收集相关信息后，视觉问答必须对信息进行推理，并整合事实，以得出答案。

　　人们对视觉问答感兴趣的一个主要原因是，这项任务可以帮助人们评估人工智能系统在结合文本和图像进行高级推理方面取得的进展。图像理解能力在原则上同样可以通过图像描述任务进行评估。然而，实际上，视觉问答提供了一个更易于使用的评估指标，特别是在答案只有几个单词的情况下。尽管如此，将真实图像描述与预测的图像描述进行比较仍然具有挑战性，即使已经存在一些先进的评估指标，这方面仍然是一个研究难题 [15-17]。

　　此外，要实现视觉问答，需要运用卓越的知识表示和推理能力，将视觉和语言连接起来。因为要回答问题，所以必须理解常识和领域知识。目前，视觉问答已扩展到其他领域，例如，医学和机器人学。医学视觉问答 [18,19] 要求视觉问答模型回答与医学图像相关的问题，例如 CT 扫描。此外，与机器人技术相关的视觉问答 [5] 要求视觉问答模型回答在当前视角中看不到的物体相关的问题，即视觉问答模型必须在回答问题之前定位到目标位置，这也被称为具身视觉问答。

　　视觉和语言的第一次结合是于 1972 年开发的"SHRDLU" [20]，它允许用户使用语言指示计算机在"block world"中移动各种物体。近期，创建会话机器人的尝试 [21-24] 也是以视觉世界为基础的。然而，这些尝试仅限于特定的领域或有限的语言形式。相比之下，视觉问答解决的是自由形式的开放式问题。随着计算机视觉和自然语言处理技术的成熟，以及相关大规模数据集的可用性提高，研究者对视觉问答的兴趣日益增长。因此，近年来出现了大量关于视觉问答的文献，从经典的 CNN-RNN 模型到注意力机制和 Transformer，不一而足。

视觉问答模型是随着深度学习模型的发展而发展起来的。视觉问答模型的第一个主流趋势对应于 CNN-RNN 框架，其中使用 CNN 模型（如 VGG [25]）提取图像和视频特征，随后使用循环神经网络从问题文本中获取特征。接下来，将视觉和文本特征结合并发送到多层感知机网络以预测答案。后来，人们开发了不同的特征组合方法，例如基于注意力机制的方法 [26] 和基于双线性池化的方法 [27]。随着图卷积神经网络的发展，图模型被引入视觉问答模型中 [28]，原因在于图包含了图像的结构表示。另一项工作侧重于视觉问答模型的可解释性，包括基于记忆网络的模型和基于组合推理的模型。本书通过介绍它们的理论、优缺点来涵盖这些主题。

1.2 人工智能任务中的视觉问答

人工智能的研究目标是创造让计算机和机器以智能方式工作的技术。模拟（或创造）智能的一般问题已被分解为若干子问题。这些子问题包括研究人员期望智能系统应该具有的特定特征或能力。过去 50 年，人们已经探索了几个研究领域，包括推理、移动、感知（计算机视觉）、学习、知识表示、规划和自然语言处理，如图 1-4 所示。

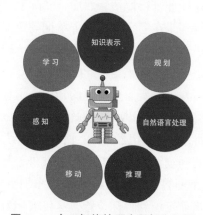

图 1-4　人工智能的研究目标和问题

在视觉问答之前，上述大部分主题都是单独研究的。例如，对计算机视觉的研究旨在探讨计算机如何从数字图像或视频中获得高层次的理解。该领域包括获取、处理、分析和理解数字图像，以及从现实世界中提取高维数据以生成数字或符号信息的方法。经典的计算机视觉任务包括图像/视频分类[29]、目标检测和图像分割[30]。

相比之下，自然语言处理关注的是计算机与人类语言之间的交互。具体来说，计算机需要处理和分析大量的自然语言数据。相关任务涵盖文本和语音处理[31]、句法分析、机器翻译[32]、对话管理和问答[33]。知识表示和推理致力于以计算机系统可以用来解决复杂任务的形式表示有关世界的信息。相关的模型结合了逻辑学（例如规则的应用或语义集合和子集之间的关系），自动进行各种推理。

视觉问答是第一个连接这些领域的研究课题，因为回答视觉问题需要具备解决多种问题的能力。首先，与不包含任何视觉内容的自然语言处理领域的问答相比，视觉问答中的问题都是与视觉内容相关的，例如图像和视频中的对象、视觉属性和关系。因此，视觉问答需要机器理解视觉信息，这是一项典型的计算机视觉任务。其次，视觉问答模型必须能理解自然语言格式的问题。因此，视觉问答任务需要自然语言处理技术。最后，视觉问答是一项复杂的任务，可能需要通过学习知识（常识或领域知识）才能获得解决方案。例如，为了明确图像中是否存在哺乳动物，模型必须知道哪些动物属于哺乳动物。这些知识不能直接从图像或文本中获取，只能从外部知识库中获取。

总体而言，视觉问答任务结合了不同的模态和人工智能子任务，例如计算机视觉、自然语言处理、知识表示和推理。因此，解决视觉问答问题意味着解决多个相关的人工智能任务。

1.3 视觉问答类别

与其他计算机视觉任务（例如图像分类和分割）相比，视觉问答的历史并不长。第一个基准视觉问答数据集是 DAQAR[34]，它是用于对真实世界图像进行问答的数据集。DAQAR 于 2014 年被提出，仅包含 795 张训练图像和 654 张测试图像。随后，一个名为 VQA[1] 的更大的人工标注数据集于 2015 年被提出。从那时起，视觉问答已成为计算机视觉和自然语言处理领域最重要的课题之一，吸引了更多的研究人员。

人们已经提出了一些与视觉问答相关的数据集和任务，从合成图像、自然图像到视频，涵盖了一般的开放性问题和医学相关问题。本节按照数据、任务和其他对视觉问答进行分类，并分别阐释，如图 1-5 所示。

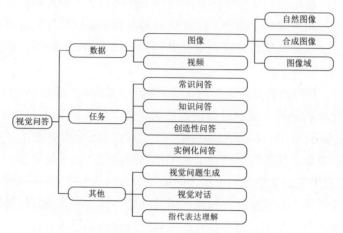

图 1-5　根据数据和任务设置对视觉问答进行分类

1.3.1　数据分类驱动

从数据的角度来看，可以将视觉问答分为基于图像和基于视频的视觉问答。在基于图像的视觉问答中，只有静态图像被输入视觉问答模型中，尽管这些图像可能来源不同。被广泛使用的 VQA [1] 和 VQA2.0 [35] 数据集使用来自 MS COCO 的图像 [30]，这些图像涵盖了丰富的上下文信息。COCOQA [36] 和 Visual7W [13] 的图像具有相同的来源，主要是 MS COCO。GQA 数据集 [37] 还使用从 Visual Genome 数据集 [38] 中选择的上下文丰富的图像。

其他基于图像的视觉问答数据集 [12] 来自合成图像。例如，VQA 抽象数据集来自卡通图像，CLEVR 数据集 [39] 来自合成图像，它们涵盖具有不同尺寸、颜色和材料的一系列 3D 形状。

此外，某些基于图像的视觉问答数据集使用特定的图像源。例如，来自医学视觉问答任务 [18] 的图像与医学领域相关，如 CT、X 射线和超声图像。虽然 Text-VQA 数据集 [40] 使用一般的自然图像，但所有图像都包括丰富的文本（OCR 标记），因此模型必须识别图像中出现的文本。虽然具身视觉问答 [41] 的输入也是图像，但这些图像是从 3D 合成建筑中捕获的。

基于视频的视觉问答 [42-44] 旨在回答有关视频的问题，因此它比基于图像的视觉问答更具挑战性。基于视频的视觉问答与基于图像的视觉问答有很大不同。首先，基于视频的视觉问答必须能够处理具有丰富视觉和运动背景的长序列图像，而不是单一的静态图像。其次，由于视频表现出时间特性，基于视频的视觉问答需要额外的时间推理能力来回答问题。

1.3.2　任务分类驱动

视觉问答也可以根据任务进行分类。最常见的情况是在不提供候选答案的前提下，回答一般的视觉问题。这些问题主要与视觉有关，例如"……是什么颜色？""有多少……？""什么是……？"许多数据集都属于这一类，例如，最广泛使用的 VQA [1] 和 VQA2.0 [35]。

此外，某些视觉问答问题只能通过常识来回答。KBVQA [45]、FVQA [46] 和 OKVQA [47] 都属于这一类。在这些任务中，虽然测试时只呈现图像和问题，但视觉问答模型必须从知识库中查询相关知识才能回答问题。例如，对于"图像中有多少只哺乳动物？"这个问题，模型必须知道图像中哪些动物是哺乳动物。这些信息只能从常识知识库中获得，而不能从图像中获得。除了知识推理，人们还设计了几个视觉问答问题来测试视觉问答模型的组合推理能力。例如，CLEVR 数据集 [39] 设计复杂的链式推理和树状推理形式和函数，并将其转化为自然语言问题，例如"绿色物体左侧有多少个圆柱体？"模型只有从空间和外观两个角度都具有很强的视觉推理能力，才能回答这些问题。具身视觉问答 [41] 代表了一种略有不同的任务：在 3D 环境中的随机位置生成智能体并提出问题。智能体必须先探索环境，通过第一人称（以自我为中心）视觉收集信息并回答问题。

1.3.3　其他

有几个与视觉问答相关的任务，它们的目的不是回答问题，而是专注于生成问题或维持多个问答轮次，分别被称为视觉问题生成（Visual Question Generation，VQG）[48] 和视觉对话（Visual Dialogue，VisDial）[49]。

视觉问题生成 [48] 可以被认为是视觉问答的补充任务。此任务根据输入图像生成有意义的问题。特别是，这项任务是一个涉及图像理解和自然语言生成的多模态问题，尤其是使用深度学习方法。某些视觉问题生成模型同时使用图像和答案来生成问题，而其他模型仅使用图像生成问题。

视觉对话 [49] 类似于多轮视觉问答，需要人工智能智能体就视觉内容以自然的对话语言与人类进行有意义的对话。给定图像、对话历史和有关图像的问题，一个智能体必须将问题建立在图像的基础上，从历史中推断上下文并正确回答问题。此外，另一个智能体必须根据对话历史生成一个新问题，从而维持对话。视觉对话从特定的下游任务中脱离出来，可作为机器智能的通用测试，同时充分根植于视觉领域，以允许对个别回应和基准进度进行客观的评估。

指代表达理解 [50] 是另一个相关主题。在此任务中，答案不是基于文本的，而是与检测到的区域有关。具体来说，该任务旨在定位图像中的目标对象，该对象以自然语言表达的指代表达来描述。与预定义查询对象标签的目标检测任务相比，指代表达理解问题只能在测试期间观察查询。这项任务引起了计算机视觉和自然语言处理界的极大关注，并且已经提出了几条研究方向，从 CNN-RNN 模型和模块化网络到复杂的图模型。

参考文献

[1] ANTOL S, AGRAWAL A, LU J, et al. VQA: Visual Question Answering.//2015 IEEE International Conference on Computer Vision (ICCV). Santiago,Chile:IEEE, 2015: 2425-2433.

[2] JIA X, GAVVES E, FERNANDO B, et al. Guiding Long-Short Term Memory for Image Caption Generation.//Proceedings of the IEEE International Conference on Computer Vision (ICCV) Santiago, Chile: IEEE, 2015: 2407-2415.

[3] VINYALS O, TOSHEV A, BENGIO S, et al. Show and tell: A neural image caption generator.//Proceedings of the IEEE Conference on Computer Vision and Pattern Recognition. Boston, MA, USA: IEEE, 2014: 3156-3164.

[4] CHEN X, ZITNICK C L. Mind's eye: A recurrent visual representation for image caption generation.//Proceedings in Conference on Computer Vision and Pattern Recognition (CVPR) Boston, MA, USA:IEEE, 2015: 2422-2431.

[5] FANG H, GUPTA S, IANDOLA F, et al. From captions to visual concepts and back.// Proceedings of the IEEE Conference on Computer Vision and Pattern Recognition. Boston, MA, USA: IEEE, 2015.

[6] WU Q, SHEN C, HENGEL A V D, et al. Image captioning and visual question answering based on attributes and their related external knowledge. IEEE Trans Pattern Anal Mach Intell, 2018, 40(6): 1367-1381.

[7] KARPATHY A, JOULIN A, LI F F. Deep fragment embeddings for bidirectional image sentence mapping.//Proceedings of the 27th International Conference on Neural Information Processing Systems. Cambridge, MA, USA: MIT Press, 2014: 1889-1897.

[8] DONAHUE J, HENDRICKS L A, GUADARRAMA S, et al. Long-term recurrent convolutional networks for visual recognition and description.//Proceedings of the IEEE Conference on Computer Vision and Pattern Recognition. Boston, MA, USA, 2015: 2625-2634.

[9] MAO J H, XU W, YANG Y, et al. Deep Captioning with Multimodal Recurrent Neural Networks (m–RNN).//arXiv preprint arXiv:1412.6632, 2014.

[10] YAO L, TORABI A, CHO K, et al. Describing videos by exploiting temporal structure.// Proceedings of the IEEE International Conference on Computer Vision (ICCV) Santiago, Chile: IEEE, 2015: 4507-4515.

[11] WU Q, SHEN C, HENGEL A V D, et al. What Value Do Explicit High Level Concepts Have in Vision to Language Problems?.//Proceedings of the IEEE Conference on Computer Vision and Pattern Recognition. Las Vegas, NV, USA: IEEE, 2016: 203-212.

[12] ZHANG P, GOYAL Y, SUMMERS-STAY D, et al. Yin and yang: Balancing and answering binary visual questions.//Proceedings of the IEEE Conference on Computer Vision and Pattern Recognition. Las Vegas, NV, USA: IEEE, 2016: 5014-5022.

[13] ZHU Y, GROTH O, BERNSTEIN M, et al. Visual7W: Grounded Question Answering in Images.//Proceedings of the IEEE Conference on Computer Vision and Pattern Recognition. Las Vegas, NV, USA: IEEE, 2016: 4995-5004.

[14] YU L, PARK E, BERG A C, et al. Visual madlibs: Fill in the blank description generation and question answering.//IEEE International Conference on Computer Vision (ICCV) Santiago, Chile: IEEE, 2015: 2461-2469.

[15] LI S, KULKARNI G, BERG T L, et al. Composing simple image descriptions using web-scale n-grams.//The SIGNLL Conference on Computational Natural Language Learning. Portland, Oregon, USA: Association for Computational Linguistics, 2011: 220-228.

[16] HODOSH M, YOUNG P, HOCKENMAIER J. Framing image description as a ranking task: Data, models and evaluation metrics. Journal of Artificial Intelligence Research, 2013, 47: 853-899.

[17] VEDANTAM R, ZITNICK C L, PARIKH D. CIDEr: Consensus-based Image Description Evaluation.//Proceedings of the IEEE Conference on Computer Vision and Pattern Recognition. Online: Association for Computational Linguistics, 2021: 351-360.

[18] ABACHA A B, HASAN S A, DATLA V V, et al. Vqa-med: Overview of the medical visual question answering task at imageclef 2019.// Proceedings of CLEF (Conference and Labs of the Evaluation Forum) 2019 Working Notes. Lugano, Switzerland, 2019.

[19] LAU J J, GAYEN S, ABACHA A B, et al. A dataset of clinically generated visual questions and answers about radiology images. Scientific data, 2018, 5(1): 1-10.

[20] WINOGRAD T. Understanding natural language. Massachusetts USA:Cognitive psychology, 1972, 3(1): 1-191.

[21] KOLLAR T, KRISHNAMURTHY J, STRIMEL G P. Toward interactive grounded language acqusition.//Robotics: Science and systems, 2013, 1: 721-732.

[22] CANTRELL R, SCHEUTZ M, SCHERMERHORN P, et al. Robust spoken instruction understanding for hri.//Human-Robot Interaction (HRI), 2010 5th ACM/IEEE International Conference on. Osaka, Japan: IEEE, 2010: 275-282.

[23] MATUSZEK C, FITZGERALD N, ZETTLEMOYER L, et al. A joint model of language and perception for grounded attribute learning.//ICML'12: Proceedings of the 29th International Coference on International Conference on Machine Learning Madison, WI, USA: Omnipress, 2012: 1435-1442.

[24] ROY D, HSIAO K Y, MAVRIDIS N. Conversational robots: building blocks for grounding word meaning.//HLT-NAACL Workshop on Learning word meaning from non-linguistic data. Association for Computational Linguistics, 2003: 70-77.

[25] SIMONYAN K, ZISSERMAN A. Very deep convolutional networks for large-scale image recognition. arXiv preprint arXiv:1409.1556, 2014.

[26] XU K, BA J, KIROS R, et al. Show, Attend and Tell: Neural Image Caption Generation with Visual Attention.//ICML'15: Proceedings of the 32nd International Conference on International Conference on Machine Learning Lille, France: JMLR.org, 2015, 37: 2048-2057.

[27] FUKUI A, PARK D H, YANG D, et al. Multimodal compact bilinear pooling for visual question answering and visual grounding.//Proceedings of the 2016 Conference on Empirical Methods in Natural Language Processing Austin, Texas: Association for Computational Linguistics, 2016: 457-468.

[28] NORCLIFFE-BROWN W, VAFEIAS S, PARISOT S. Learning conditioned graph structures for interpretable visual question answering.//Proceedings of the 32nd International Conference on Neural Information Processing Systems (NIPS'18). Red Hook, NY, USA: Curran Associates Inc., 2018: 8344-8353.

[29] KRIZHEVSKY A, SUTSKEVER I, HINTON G E. Imagenet classification with deep convolutional neural networks.//Proceedings of the 25th International Conference on Neural Information Processing Systems. Red Hook, NY, USA:Curran Associates Inc., 2012: 1097-1105.

[30] LIN T Y, MAIRE M, BELONGIE S, et al. Microsoft coco: Common objects in context.//Proceedings of the European Conference on Computer Vision (ECCV). Berlin, Heidelberg: Springer, 2014: 740-755.

[31] POVEY D, GHOSHAL A, BOULIANNE G, et al. The kaldi speech recognition toolkit.// IEEE 2011 workshop on automatic speech recognition and understanding: CONF. Big Island, Hawaii, US: IEEE Signal Processing Society, 2011.

[32] WU Y, SCHUSTER M, CHEN Z, et al. Google's neural machine translation system: Bridging the gap between human and machine translation. arXiv arXiv:1609.08144, 2016.

[33] RAJPURKAR P, JIA R, LIANG P. Know what you don't know: Unanswerable questions for squad. Proceedings of the 56th Annual Meeting of the Association for Computational Linguistics (Volume 2: Short Papers) Melbourne, Australia: Association for Computational Linguistics, 2018: 784-789.

[34] MALINOWSKI M, FRITZ M. A multi-world approach to question answering about real-world scenes based on uncertain input.//NIPS'14: Proceedings of the 27th International Conference on Neural Information Processing Systems Cambridge, MA, USA: MIT Press, 2014: 1682-1690.

[35] GOYAL Y, KHOT T, SUMMERS-STAY D, et al. Making the V VQA matter: Elevating the role of image understanding Visual Question Answering.//Conference on Computer Vision and Pattern Recognition (CVPR). Honolulu, HI, USA: IEEE, 2017: 6325-6334.

[36] REN M, KIROS R, ZEMEL R. Image Question Answering: A Visual Semantic Embedding Model and a New Dataset.//arXiv preprint arXiv:1505.02074, 2015.

[37] HUDSON D A, MANNING C D. Gqa: A new dataset for real-world visual reasoning and compositional question answering.//Proceedings of the IEEE/CVF Conference on Computer Vision and Pattern Recognition. Long Beach, CA, USA: IEEE, 2019: 6693-6702.

[38] KRISHNA R, ZHU Y, GROTH O, et al. Visual genome: Connecting language and vision using crowdsourced dense image annotations. Kluwer Academic Publishers, 2017, 123(1): 32-73.

[39] JOHNSON J, HARIHARAN B, VAN DER MAATEN L, et al. Clevr: A diagnostic dataset for compositional language and elementary visual reasoning.//Proceedings of the IEEE Conference on Computer Vision and Pattern Recognition. Honolulu, HI, USA: IEEE, 2017: 1988-1997.

[40] SINGH A, NATARJAN V, SHAH M, et al. Towards vqa models that can read.// Proceedings of the IEEE Conference on Computer Vision and Pattern Recognition. Long Beach, CA, USA: IEEE, 2019: 8317-8326.

[41] DAS A, DATTA S, GKIOXARI G, et al. Embodied question answering.//Proceedings of the IEEE Conference on Computer Vision and Pattern Recognition. Salt Lake City, UT, USA: IEEE, 2018: 1-10.

[42] TAPASWI M, ZHU Y, STIEFELHAGEN R, et al. Movieqa: Understanding stories in movies through question-answering.//Proceedings of the IEEE conference on computer vision and pattern recognition. Las Vegas, NV, USA: IEEE, 2016: 4631-4640.

[43] JANG Y, SONG Y, YU Y, et al. Tgif-qa: Toward spatio-temporal reasoning in visual question answering.//Proceedings of the IEEE Conference on Computer Vision and Pattern Recognition. Honolulu, HI, USA:IEEE, 2017: 1359-1367.

[44] LEI J, YU L, BANSAL M, et al. Tvqa: Localized, compositional video question answering. Proceedings of the 2018 Conference on Empirical Methods in Natural Language Processing. Brussels, Belgium: Association for Computational Linguistics, 2018: 1369-1379.

[45] WANG P, WU Q, SHEN C, et al. Explicit knowledge-based reasoning for visual question answering.//SIERRA C. Proceedings of the 26th International Joint Conference on Artificial Intelligence (IJCAI'17). Palo Alto, California USA: AAAI Press, 2017: 1290-1296.

[46] WANG P, WU Q, SHEN C, et al. Fvqa: Fact-based visual question answering. IEEE Transactions on Pattern Analysis and Machine Intelligence, 2018, 40(10): 2413-2427.

[47] MARINO K, RASTEGARI M, FARHADI A, et al. Ok-vqa: A visual question answering benchmark requiring external knowledge.//Proceedings of the IEEE/CVF Conference on Computer Vision and Pattern Recognition. Long Beach, CA, USA: IEEE, 2019: 3195-3204.

[48] MOSTAFAZADEH N, MISRA I, DEVLIN J, et al. Generating natural questions about an image. Proceedings of the 54th Annual Meeting of the Association for Computational Linguistics (Volume 1: Long Papers) Berlin, Germany: Association for Computational Linguistics, 2016: 1802-1813.

[49] DAS A, KOTTUR S, GUPTA K, et al. Visual dialog.//Proceedings of the IEEE Conference on Computer Vision and Pattern Recognition. Honolulu, HI, USA:IEEE, 2017: 326-335.

[50] QIAO Y, DENG C, WU Q. Referring expression comprehension: A survey of methods and datasets. IEEE Transactions on Multimedia, 2020, 23: 4426-4440.

第1部分 + 基础理论 +

第 1 部分将介绍在计算机视觉和自然语言处理领域广泛应用的基本方法和技术，包括卷积神经网络、序列建模和注意力机制等。

第 2 章
CHAPTER 2

深度学习基础

深度学习的基础知识对于处理视觉问答任务至关重要，因为多模态信息通常是复杂和多维的。因此，本章将介绍有关深度学习的基本内容，包括神经网络、卷积神经网络、循环神经网络及变体、编码器-解码器结构、注意力机制、记忆网络、Transformer 网络和 BERT、图神经网络。

2.1 神经网络

神经网络是机器学习中的重要模型。人工神经网络的结构与生物神经网络的结构相似，后者由许多神经元通过加权边连接组成。本节将介绍神经网络的基本定义和基本结构。

神经元是神经网络的基本单元，它接受一系列加权输入并返回相应的输出。如图 2-1 所示，神经元 y 用输入和偏置的加权和得到中间值 $x = \sum_{i=1}^{n} x_i + b$，然后在 x 上执行激活函数，通过 $z = f(y)$ 生成神经元的输出，输出也是下一个神经元的输入。激活函数将一个实数映射成一个介于 0 和 1 之间的数字来代表神经

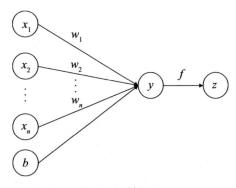

图 2-1　神经元

元的激活。在激活函数中，0 代表失活，1 代表完全激活。几种广泛使用的激活
函数是 Sigmoid 函数 $\sigma(x) = \frac{1}{1+\mathrm{e}^{-x}}$；Tanh 函数 $\tanh(x) = \frac{\mathrm{e}^x - \mathrm{e}^{-x}}{\mathrm{e}^x + \mathrm{e}^{-x}}$；ReLU 函数，
$\mathrm{ReLU}(x) = 0$，当 $x \leqslant 0$ 时，$\mathrm{ReLU}(x) = 1$，当 $x > 0$ 时。另外，激活函数可以
根据平滑和易于计算的原则手动设计。

　　一个神经网络通常由一个输入层、若干隐藏层和一个输出层组成。每层都包
含若干神经元。变量 $a = \{a_1, a_2, \cdots, a_n\}$ 首先被输入神经网络中，然后在隐藏
层被计算，最后在输出层生成输出。图 2-2 中展示了一个简单的三层全连接神经
网络。

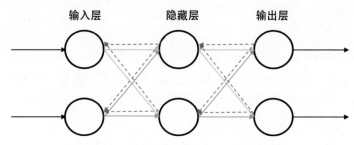

图 2-2　一个简单的三层全连接神经网络

　　前向传播和反向传播是神经网络训练过程和测试过程中的关键步骤。下面以
图 2-2 所示的神经网络为例说明这两个过程。在**前向传播**过程中，提供一组参数
和输入，神经网络按正向顺序计算每个神经元的值，如图 2-2 中黄色箭头所示。隐
藏层和输出层的输出分别为 $\boldsymbol{A}^2$ 和 $\boldsymbol{A}^3$，可以表示为

$$
\begin{aligned}
\boldsymbol{Z}^2 = f(\boldsymbol{W}_1 \boldsymbol{A}^1 + \boldsymbol{B}^2), \quad \boldsymbol{A}^2 = f(\boldsymbol{Z}^2), \\
\boldsymbol{Z}^3 = f(\boldsymbol{W}_2 \boldsymbol{A}^2 + \boldsymbol{B}^3), \quad \boldsymbol{A}^3 = f(\boldsymbol{Z}^3).
\end{aligned}
\tag{2-1}
$$

式中，$\boldsymbol{A}^1$ 表示输入向量；$\boldsymbol{W}_1$ 和 $\boldsymbol{W}_2$ 表示学习的加权矩阵；$\boldsymbol{B}^2$ 和 $\boldsymbol{B}^3$ 表示学习
的偏置；f 表示激活函数。

　　反向传播是根据链式法则以网络每层的权重为变量计算损失函数的梯度。误
差反向传播，以更新权重矩阵，如图 2-2 中的蓝色虚线所示。由于所有参数的计
算都是类似的，以权重 w_{11}^2 的反向传播作为例子，相应的生成可以表示如下：

$$
\frac{\partial e_{o1}}{\partial w_{11}^2} = \frac{\partial e_{o1}}{\partial a_1^3} \frac{\partial a_1^3}{\partial z_1^3} \frac{\partial z_1^3}{\partial w_{11}^2},
$$

$$
w_{11}^2 = w_{11}^2 - \eta \frac{\partial e_{o1}}{\partial w_{11}^2}.
$$

　　除上面讨论的最简单的神经网络外，还有各种神经网络结构，可分为前馈神

经网络、卷积神经网络、循环神经网络及变体和图神经网络。下面章节将对它们进行介绍。

2.2 卷积神经网络

卷积神经网络（Convolutional Neural Network，CNN）是一种多层神经网络，可以有效地解决与图像相关的机器学习问题，特别是大型图像。通过一系列的运算，卷积神经网络成功地降低了图像识别任务的高维数据量。卷积神经网络由 Yann LeCun[1] 首次提出，并应用于手写字体识别（MINST）任务。LeCun 和 LeNet 提出的网络结构如图 2-3 所示。

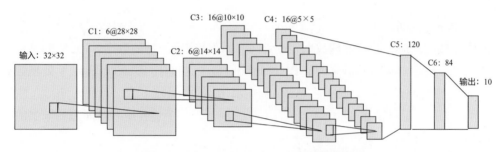

图 2-3　LeCun 和 LeNet 提出的网络结构

该网络是最典型的卷积神经网络，它由卷积层、池化层和全连接层组成。卷积层与池化层合作，形成多个卷积组用来提取图像特征。分类任务由几个全连接层完成。卷积层执行的操作受到局部感受野概念的启发，池化层用于降低数据维度。

局部感受野的设计是为了降低参数的数量。一般认为，人们对外界的认知是由局部到整体的，而图像的空间联系是通过局部像素与远处像素紧密相连实现的。因此，每个神经元不需要感知全局图像。相反，每个神经元必须只感知其感受野内的局部部分，并在更高层次上综合局部信息以获得全局信息，从而使参数的数量最小化。网络连接的概念也受到了生物视觉系统结构的启发。如图 2-4 所示，两张图片分别展示了全连接网络和局部连接网络。

卷积操作类似于滑动窗口，即卷积核在输入数据上滑动，将卷积核与相应的图像像素相乘并相加。在数据矩阵上进行卷积运算时，卷积核的参数保持不变，这样可以实现权重共享并减少参数的数量。为了在相同的输入数据中产生更多的特征，可以应用多个卷积核对数据矩阵重复卷积。

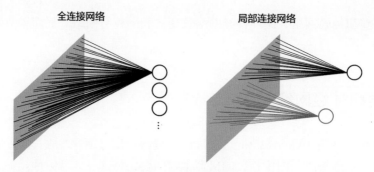

图 2-4　不同的连接方式

2.3　循环神经网络及变体

循环神经网络（Recurrent Neural Network，RNN）用于处理具有内在联系的序列数据。通过顺序处理数据，RNN 可以记住它已处理的数据，RNN 的结构如图 2-5 所示。在时间戳 t 时，RNN 以时间戳 $t-1$ 时的隐藏状态 s_{t-1} 处理数据 x_t。在时间戳 t 时，隐藏状态 h_t 和输出 y_t 是由函数 $y_t, h_t = f(x_t, h_{t-1})$ 生成的。因此，最终输出 $O = \{y_1, y_2, y_3, \cdots, y_T\}$ 是一个包含所有时间戳的输出的序列。

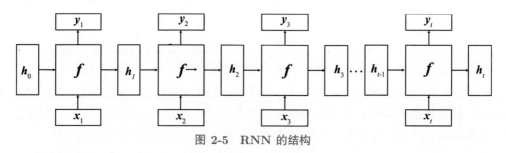

图 2-5　RNN 的结构

长短期记忆（Long Short Time Memory，LSTM）是 RNN 的一种特殊变体，旨在解决在长序列训练中的梯度消失和梯度爆炸问题。在长序列情况下，LSTM 的性能优于原始 RNN。如图 2-6 所示，LSTM 有两种状态——h_t 和 c_t，与 RNN 不同，它只有一个状态。首先，$z, z^{\mathrm{i}}, z^{\mathrm{f}}, z^{\mathrm{o}}$ 的计算方式为

$$
\begin{aligned}
z &= \tanh(\boldsymbol{W}[\boldsymbol{x}^t, \boldsymbol{h}^{t-1}]), \\
z^{\mathrm{i}} &= \sigma(\boldsymbol{W}^{\mathrm{i}}[\boldsymbol{x}^t, \boldsymbol{h}^{t-1}]), \\
z^{\mathrm{f}} &= \sigma(\boldsymbol{W}^{\mathrm{f}}[\boldsymbol{x}^t, \boldsymbol{h}^{t-1}]), \\
z^{\mathrm{o}} &= \sigma(\boldsymbol{W}^{\mathrm{o}}[\boldsymbol{x}^t, \boldsymbol{h}^{t-1}]),
\end{aligned}
\tag{2-2}
$$

式中，$\boldsymbol{W}$ 是加权矩阵；运算符 $[a,b]$ 是指两个矩阵在 Y 轴上的并集。

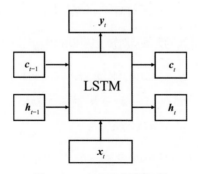

图 2-6　LSTM 网络示例

随后，单元状态 $\boldsymbol{c}_t$、隐藏状态 $\boldsymbol{h}_t$ 和输出 $\boldsymbol{y}_t$ 由 $\boldsymbol{z},\boldsymbol{z}^{\mathrm{i}},\boldsymbol{z}^{\mathrm{f}},\boldsymbol{z}^{\mathrm{o}}$ 生成：

$$\begin{aligned}
\boldsymbol{c}^t &= \boldsymbol{z}^{\mathrm{f}} \odot \boldsymbol{c}^{t-1} + \boldsymbol{z}^{\mathrm{i}} \odot \boldsymbol{z}, \\
\boldsymbol{h}^t &= \boldsymbol{z}^{\mathrm{o}} \odot \tanh(\boldsymbol{c}^t), \\
\boldsymbol{y}^t &= \sigma(\boldsymbol{W}'\boldsymbol{h}^t).
\end{aligned} \tag{2-3}$$

通过这种方式，LSTM 通过单元状态控制隐藏状态，从而实现长期记忆，忘记不重要的信息。这种框架对于需要长期记忆的任务是有效的。然而，由于参数的数量较多，使训练更加困难。因此，通常倾向于使用与 LSTM 具有相同效果但参数更少的门控循环单元。

门控循环单元（Gated Recurrent Unit，GRU）是循环神经网络的另一种特殊变体，其目的与 LSTM 网络相同，但参数较少。因此，门控循环单元更容易训练，其结构如图 2-7 所示。

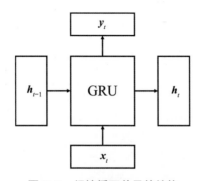

图 2-7　门控循环单元的结构

与原始 RNN 类似，门控循环单元将最后一个时间戳的隐藏状态 $\boldsymbol{h}^{t-1}$ 和 $\boldsymbol{x}^t$ 作为输入，生成两个门 r 和 z：

$$r = \sigma(\boldsymbol{W}^r[\boldsymbol{x}^r, \boldsymbol{h}^{t-1}]),$$
$$z = \sigma(\boldsymbol{W}^z[\boldsymbol{x}^t, \boldsymbol{h}^{t-1}]). \tag{2-4}$$

随后，生成当前时间戳的隐藏状态 $\boldsymbol{h}^t$ 和输出 $\boldsymbol{y}^t$：

$$\boldsymbol{h}' = \tanh(\boldsymbol{W}[\boldsymbol{x}^t, \boldsymbol{h}^{t-1} \odot \boldsymbol{r}]),$$
$$\boldsymbol{h}^t = (1-z) \odot \boldsymbol{h}^{t-1} + z \odot \boldsymbol{h}', \tag{2-5}$$
$$\boldsymbol{y}^t = \sigma(\boldsymbol{W}^o \boldsymbol{h}^t).$$

与 LSTM 相比，门控循环单元少了一个"门"，因此可以用较少的参数达到与 LSTM 相当的性能。鉴于硬件的计算能力和时间成本，门控循环单元通常比 LSTM 更受欢迎。

2.4 编码器–解码器结构

编码器-解码器结构由编码器和解码器组成，已经成为机器翻译任务中的一种流行的替代方法 [2]。编码器将输入序列编码为中间代码，而解码器则对中间代码进行解码并生成输出序列。编码器-解码器结构如图 2-8 所示，可以描述为输入序列被表示成 $\boldsymbol{X} = \boldsymbol{x}_1, \boldsymbol{x}_2, \cdots, \boldsymbol{x}_T$。在每个时间戳 t，隐藏状态 $\boldsymbol{h}_t$ 被生成为 $\boldsymbol{h}_t = \mathrm{RNN}(\boldsymbol{x}_t, \boldsymbol{h}_{t-1})$，其中 $\boldsymbol{h}_{t-1}$ 是时间戳 $t-1$ 的隐藏状态。在所有的隐藏状态被生成后，结果为 $\boldsymbol{c} = f(\boldsymbol{h}_1, \boldsymbol{h}_2, \cdots, \boldsymbol{h}_T)$，其中 $\boldsymbol{c}$ 是与整个序列相关的上下文表示。在解码过程中，解码器根据概率函数 $p(\boldsymbol{y}_t|\boldsymbol{y}_1, \boldsymbol{t}_2, \cdots, \boldsymbol{y}_{t-1}, \boldsymbol{c}) = g(\boldsymbol{y}_{t-1}, \boldsymbol{s}_t, \boldsymbol{c})$ 在时间戳 t 输出预测值 $\boldsymbol{y}_t$。其中 $\boldsymbol{y}_{t-1}$ 是时间戳 $t-1$ 的输出，而解码器 RNN 单元 $\boldsymbol{s}_t$ 的隐藏状态生成为 $\boldsymbol{s}_t = \mathrm{RNN}(\boldsymbol{s}_{t-1}, \boldsymbol{y}_{t-1})$。

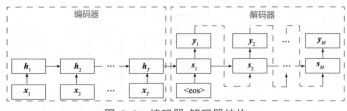

图 2-8 编码器-解码器结构

2.5 注意力机制

注意力机制最早被用于自然语言处理领域 [3]，后来被应用于图像处理领域。注意力机制可以被描述为一个函数，它将一个查询和一组键值对映射为输出 [4]。

具体来说，该框架可以定义为 $O = \text{Attention}(Q, K, V)$，其中 Q 表示查询，K 表示键，V 表示值，O 表示输出。查询和来源由键值对组成，它们被插入注意力模型中以生成输出。首先，评分函数 $s_i = \text{Score}(\text{query}, \text{key}_i)$ 被用来计算查询和键之间的相似度，查询被用作寻找相关键值对的参考或指南。随后，通过函数 $a_i = \frac{\exp(s_i)}{\sum \exp(s_i)}$ 对所有键值的得分进行排序函数运算，最后通过 $c = \sum_i a_i \text{value}_i$ 计算出加权值作为注意力的结果。

2.6 记忆网络

　　记忆网络（MemNN）[5] 是由 Facebook 人工智能研究院在 2015 年提出的，利用记忆组件来存储信息，以实现长期记忆。许多现有的神经网络模型，包括 RNN、LSTM 和 GRU，可以在一定程度上记忆连续的信息。然而，这些记忆往往是不充分的。一个 MemNN 模型由存储器 m 和四个组件组成：I 表示输入模块，它将输入的信息转换为内部表征；G 表示泛化模块，给定新输入更新旧记忆；O 表示输出模块，产生一个新的输出；R 表示响应模块，将输出转换为所需的响应格式。

　　在视觉问答任务中，记忆数组可以存储整个视觉序列信息，因此可以作为一个知识库保留序列的长期记忆。在每个更新的时间戳 t 中，MemNN 中由 m_i 为索引的记忆数组可以被更新为 $m_i = G(m_i, I(x), m), \in i$。随后，给定一个问题，记忆可以用来推断出答案。根据查询和当前记忆数组，输出特征图单元进行推理，以获得在特征空间中的上下文表示。最后，响应单元将上下文表示转换为预测的答案，如图 2-9 所示。

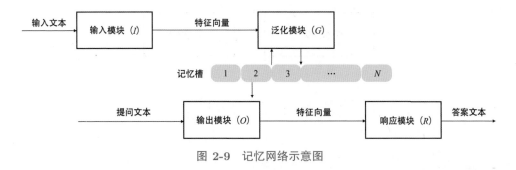

图 2-9　记忆网络示意图

　　MemNN 框架涉及一个与多个组件组合的模型。因此，它们不能以端到端的方式进行训练。Sukhbaatar[6] 提出基于 MemNN 的端到端记忆网络（MemN2N），它可以进行端到端训练，并建立了一个重复提取有用信息的过程以实现多重推理。MemN2N 的一个特点是它使用两个记忆数组来存储转换后的输入序列，分别称为

输入记忆 m^{v} 和输出记忆 m^{o}。输入记忆 m^{v} 是使用一个嵌入矩阵 $\boldsymbol{A}$ 生成的，用来转换输入序列，而输出记忆 m^{o} 是使用另一个嵌入矩阵 $\boldsymbol{B}$ 生成的。随后，计算嵌入问题 u 对输入存储器 m^{v} 的权重，并用于确定加权的输出记忆 c。最后，输出记忆 c 和嵌入问题 u 被引入 softmax 函数以生成答案。MemN2N 模型可以通过每次迭代更新问题嵌入来反复训练。

动态记忆网络（Dynamic Memory Network，DMN）[7] 是 MemNN 的改进版本，如图 2-10 所示。该网络由以下四个部分组成：输入模块、问题模块、外部记忆模块和回答模块。

输入模块和问题模块使用 GRU 生成编码的视觉表征 $\boldsymbol{c} = \{c_1, c_2, \cdots, c_T\}$ 和文本表征 $\boldsymbol{q}$。外部记忆模块用注意力机制和记忆更新机制生成上下文表征。对于第 i 次迭代，门值产生为 $g_t^i = G(\boldsymbol{c}_t, \boldsymbol{m}_{i-1}, \boldsymbol{q})$，其中 G 是门函数，$\boldsymbol{m}_{i-1}$ 是上一次迭代中产生的记忆。该门值用于生成插曲 $\boldsymbol{e}^i$，如下所示：

$$
\begin{aligned}
\boldsymbol{h}_t^i &= g_t^i \,\mathrm{GRU}(\boldsymbol{c}_t, \boldsymbol{h}_{t-1}^i) + (1 - g_t^i)\boldsymbol{h}_{t-1}^i, \\
\boldsymbol{e}^i &= \boldsymbol{h}_{\mathrm{last}}^i.
\end{aligned}
\tag{2-6}
$$

外部记忆模块使用一个 GRU 来更新外部记忆 $\boldsymbol{m}^i = \mathrm{GRU}(\boldsymbol{e}^i, \boldsymbol{m}^{i-1})$。最后，回答模块使用外部记忆模块预测答案向量，该向量在下一次迭代中被用作 GRU 的初始状态。

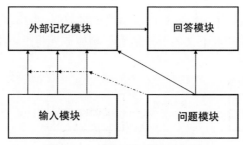

图 2-10　动态记忆网络示意图

总之，动态记忆网络的记忆数组在推理过程中是动态的，而 MemNN 和 MemN2N 的记忆数组是静态的 [4]。

2.7　Transformer 网络和 BERT

谷歌在 2017 年提出的 Transformer 框架 [8] 是一种 Seq2Seq 模型，用注意力机制取代 LSTM。如图 2-11 所示，Transformer 的结构由一个编码器和一个解码器组成。

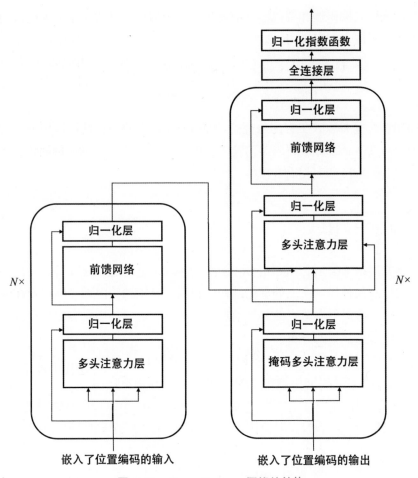

图 2-11　Transformer 网络的结构

编码器包含六个层，在左图中描述为 $N\times$，由两个子层组成，包括一个多头注意力层和一个全连接的前馈网络。多头注意力机制可以表示为

$$\mathrm{MultiHead}(\boldsymbol{Q}, \boldsymbol{K}, \boldsymbol{V}) = \mathrm{Concat}(\mathrm{head}_1, \mathrm{head}_2, \cdots, \mathrm{head}_h)\boldsymbol{W}^{\mathrm{o}}$$

$$\mathrm{head}_i = \mathrm{Attention}(\boldsymbol{Q}\boldsymbol{W}_i^{\boldsymbol{Q}}, \boldsymbol{K}\boldsymbol{W}_i^{\boldsymbol{K}}, \boldsymbol{V}\boldsymbol{W}^{\boldsymbol{V}}) \tag{2-7}$$

式中，$\boldsymbol{Q}, \boldsymbol{K}, \boldsymbol{V}$ 与自注意力机制相同。一个位置前馈网络对输入执行一个非线性函数。

解码器与编码器类似，只是在编码器的基础上增加一个额外的注意力子层。解码器把编码器的输出和最后一个位置的输出作为输入。解码器中的第二个多头注意力与编码器中的（一个多头自注意力）不同，其键和查询是编码器的输出，查询是最后一个位置的输出。

在数据输入编码器和解码器之前要进行位置编码，并用位置嵌入引入顺序数据嵌入。位置嵌入的定义为

$$\mathrm{PE}_{\mathrm{pos},2i} = \sin(\mathrm{pos}\,/10000^{2i/d_{\mathrm{model}}}),$$
$$\mathrm{PE}_{\mathrm{pos},2i+1} = \cos(\mathrm{pos}\,/10000^{2i/d_{\mathrm{model}}}). \tag{2-8}$$

BERT [9] 是谷歌人工智能研究院在 2018 年提出的一种预训练模型，它是基于一个双向 Transformer 编码器构建的。BERT 的训练特点包括预训练、深层结构、双向 Transformer 和语言理解。

2.8 图神经网络

图神经网络（Graph Neural Network，GNN）是由 Scarselli 等人 [10] 提出的，旨在扩展原有的神经网络以处理图结构的数据。特别地，图神经网络旨在学习状态嵌入，该嵌入对所有节点的邻域信息进行编码。之后，用状态嵌入产生一个输出，如预测节点标签的分布。

首先，介绍几个基本定义。图记作 G，表示为 $G=(V,E)$，其中 $V=\{v_i\}$ 是节点的集合，$E=\{e_{ij}|e_{ij}=(v_i,v_j)\}$ 是边集合。邻接矩阵 $\boldsymbol{A}$ 是一个 $n\times n$ 矩阵，如果 $e_{ij}\in E$，则 $A_{ij}=1$；如果 $e_{ij}\notin E$，则 $A_{ij}=0$。节点可以有属性 $X=\{x_i\}$，边可以有属性 $X^e=\{x_i^e\}$。时空图表示为 $G^{(t)}$，它是一个属性图，其节点属性随时间动态变化，可以表示为 $G^{(t)}=(V,E,X^t)$，其中 X^t 代表与时间有关的信息。

本节将介绍三种图神经网络的定义和框架，包括原始图神经网络、循环图神经网络和图卷积网络。

原始图神经网络（Original Graph Neural Network，OriGNN）由 Scarselli 等人 [10] 提出，旨在解决归属于同质图的问题。该模型学习节点嵌入 $\boldsymbol{h}_v=f(\boldsymbol{x}_v,\boldsymbol{x}_{\mathrm{co}[v]},\boldsymbol{h}_{\mathrm{ne}[v]},\boldsymbol{x}_{\mathrm{ne}[v]})$，其中 f 是一个参数化的函数，$\boldsymbol{x}_v$ 是节点 v 的属性，$\boldsymbol{x}_{\mathrm{ne}[v]}$ 是节点 v 的相邻节点的属性，$\boldsymbol{h}_{\mathrm{ne}[v]}$ 是节点 v 的相邻节点的嵌入，$\boldsymbol{x}_{\mathrm{co}[v]}$ 是节点 v 的连接边的属性。节点 v 的输出嵌入生成为 $\boldsymbol{o}_v=g(\boldsymbol{h}_v,\boldsymbol{x}_v)$，其中 g 是一个参数化的函数。设 $\boldsymbol{H},\boldsymbol{O},\boldsymbol{X}$ 表示通过堆叠所有状态、输出和特征构建的矩阵。可以通过 $\boldsymbol{H}^{t+1}=F(\boldsymbol{H}^t,\boldsymbol{X})$ 迭代更新节点嵌入。原始图神经网络的损失可以表示为 $\mathrm{loss}=\sum_{i=1}^p(\boldsymbol{t}_i-\boldsymbol{o}_i)$，其中 $\boldsymbol{t}_i$ 是节点 i 的目标输出。尽管原始图神经网络可以有效地管理图结构的数据，但仍存在某些局限性，包括更新效率低、在迭代中使用相同的参数及不能有效地利用边的特征。

循环图神经网络（Recurrent Graph Neural Network，RecGNN）在传播过程中使用 GRU 和 LSTM 等门控机制减轻原始图神经网络模型的限制，提高了长期信息在图上传播的有效性。由于 RecGNN 有许多的变体，因此本节只介绍参考 GGNN[11] 的 RecGNN 的基本框架。在迭代 t 中，更新节点 v 的嵌入：

$$
\begin{aligned}
\boldsymbol{a}_v^t &= \boldsymbol{A}_v^T[\boldsymbol{h}_1^{t-1}, \cdots, \boldsymbol{h}_N^{t-1}]^T + \boldsymbol{b}, \\
\boldsymbol{z}_v^t &= \sigma(\boldsymbol{W}^z \boldsymbol{a}_v^t + \boldsymbol{U}^z \boldsymbol{h}_v^{t-1}), \\
\boldsymbol{r}_v^t &= \sigma(\boldsymbol{W}^r \boldsymbol{a}_v^t + \boldsymbol{U}^r \boldsymbol{h}_v^{t-1}), \\
\widetilde{\boldsymbol{h}_v^t} &= \tanh(\boldsymbol{W} \boldsymbol{a}_v^t + \boldsymbol{U}(\boldsymbol{r}_v^t \odot \boldsymbol{h}_v^{t-1})), \\
\boldsymbol{h}_v^t &= (\boldsymbol{a} - \boldsymbol{z}_v^t) \odot \boldsymbol{h}_v^{t-1} + \boldsymbol{z}_v^t \odot \widetilde{\boldsymbol{h}_v^t}.
\end{aligned}
\tag{2-9}
$$

式中，$\boldsymbol{A}_v$ 是图的邻接矩阵 $\boldsymbol{A}$ 的子矩阵，表示节点 v 与其邻居的连接。类似于 GRU 的更新函数从每个节点的邻域获取信息，并形成上一次迭代，以生成新的嵌入。

图卷积网络将卷积推广到图域，从而定义了图的卷积操作。图卷积网络及变体可以分为谱方法和空间方法，前者使用图的谱表示，后者直接在图上定义卷积，从而对空间上的近邻进行计算[12]。本节只介绍空间方法的图卷积网络的经典框架。首先，定义节点的感受野。其次，在图上进行归一化以指定感受野中节点的顺序。最后，使用一个卷积神经网络结构，将归一化的邻域视为感受野，将节点和边属性视为通道[13]。

参考文献

[1] LECUN Y, BOTTOU LéON, BENGIO Y, et al. Gradient-based learning applied to document recognition. Proceedings of the IEEE.IEEE, 1998, 86(11): 2278-2324.

[2] CHO K, MERRIëNBOER B V, BAHDANAU D, et al. On the properties of neural machine translation: Encoder-decoder approaches. arXiv preprint arXiv:1409.1259, 2014.

[3] BAHDANAU D, CHO K, BENGIO Y. Neural machine translation by jointly learning to align and translate. arXiv preprint arXiv:1409.0473, 2014.

[4] SUN G L, LIANG L L, LI T L, et al. Video question answering: a survey of models and datasets. Mobile Networks and Applications. Berlin, Heidelberg: Springer, 2021,26(5): 1904-1937.

[5] WestonA J, Chopra S, Bordes A. Memory networks. arXiv preprint arXiv:1410.3916, 2014.

[6] SUKHBAATAR S, SZLAM A, WESTON J, et al. End-to-end memory networks. arXiv preprint arXiv:1503.08895, 2015.

[7] KUMAR A, IRSOY O, ONDRUSKA P, et al. Ask me anything: Dynamic memory networks for natural language processing. International conference on machine learning. PMLR, 2016: 1378-1387.

[8] VASWANI A, SHAZEER N, PARMAR N, et al. Attention is all you need. Advances in neural information processing systems. Red Hook, NY, USA: Curran Associates Inc., 2017: 6000-6010.

[9] DEVLIN J, CHANG M W, LEE K, et al. Bert: Pre-training of deep bidirectional transformers for language understanding.//Proceedings of the 2019 Conference of the North American Chapter of the Association for Computational Linguistics: Human Language Technologies, Volume 1 (Long and Short Papers). Minneapolis, Minnesota: Association for Computational Linguistics, 2019: 4171-4186.

[10] SCARSELLI F, GORI M, TSOI A C, HAGENBUCHNER M, et al. The graph neural network model. IEEE transactions on neural networks. IEEE, 2009, 20(1): 61-80.

[11] LI Y J, TARLOW D,BROCKSCHMIDT M, et al. Gated graph sequence neural networks. arXiv preprint arXiv:1511.05493, 2015.

[12] LIU ZH Y,ZHOU J. Introduction to graph neural networks. Berlin, Heidelberg: Springer, 2020, 14(2): 1-127.

[13] NIEPERT M, AHMED M,KUTZKOV K. Learning convolutional neural networks for graphs. International conference on machine learning. JMLR, 2016: 2014-2023.

[14] BADRINARAYANAN V, KENDALL A, CIPOLLA R. Segnet: A deep convolutional encoder-decoder architecture for image segmentation. IEEE transactions on pattern analysis and machine intelligence, 2017, 39(12): 2481-2495.

[15] CHO K, MERRIëNBOER B V, GULCEHRE C, et al. Learning phrase representations using rnn encoder-decoder for statistical machine translation. arXiv preprint arXiv:1406.1078, 2014.

第 3 章
CHAPTER 3

问答基础知识

问题回答（Question Answer，QA）任务的主要目标是通过预先构建的结构化数据库或自然语言文档集合[1]，为以自然语言提出的问题提供相关的答案。问答的基本结构通常由三个部分组成：问题处理单元、文档处理单元和回答处理单元。问题处理单元分析给定问题的结构，并将问题转换为与问答域兼容的有意义的格式。文档处理单元生成数据集或模型，提供答案生成所需的信息。回答处理单元从信息和格式化的问题中提取答案。本章将从以下几个方面讨论问答任务：基于规则的方法、基于信息检索的方法、问答的神经语义解析和问答知识库。

3.1 基于规则的方法

基于规则的方法通常使用人工规则识别预期的答案类型或文档。这些人工规则可能是准确的，但获取它们需要时间，通常用于语言处理。

Riloff 等人[2] 开发了一种基于规则的系统 Quarc，用一个小故事回答给定的问题。Quarc 可识别问题的类型（例如，谁、什么、何时、何地、为什么），并为每种问题类型使用一套单独的规则。部分解析器 Sundance 应用于故事和问题中的每句话，从中获得形态分析、词性标注、语义类别标注和实体识别，并为适用规则的句子生成分数。规则会给一个句子赋予一定的分数，例如，以"谁"（Who）问题的规则为例，如图 3-1 所示，Q 是问题，S 是故事中的句子，NAME 是一个至少包含一个人类单词的人体名词。答案是得分最高的那个句子。

在此基础上，Gusmita 等人[3] 提出了一种基于规则的系统。首先，收集与关键字相关的文档，然后使用基于规则的方法识别候选答案。该系统建立了自己的印尼语翻译规则。

```
1.  Score(S) += WordMatch(Q,S)
2.  If not contains(Q,NAME) and contains(S,NAME)
Then Score(S) += confident
3.  If not contains(Q,NAME) and contains(S,name)
Then Score(S) += good_clue
4.  If Contains(S, {NAME,HUMAN})
Then Score(S) += good_clue
```

图 3-1　Who 类型问题的规则

Archana 等人[4] 提出了一种基于规则的系统，用于识别与问题具有相同 Vib-hakthi 和 Pos 属性的答案。系统首先分析用户给出的问题，并识别问题类型（例如，Who、Which、Whom、How much 等）。随后，对问题进行基于规则的 Malay-alam 分析，包括 Pos 分析、Vibhakthi 分析和 Sandhi 分析，提取问题特征。具有相同规则的分析文档语料库用于查找与问题最匹配的答案。

3.2　基于信息检索的方法

基于规则的方法有许多局限性，通常难以为复杂的问题应用人工规则。在问答任务中，使用更为广泛的方法是利用信息检索的方法提取每个问答候选对的相关上下文。

Sebastian 等人[5] 提出了一种两步方法，将用于回答问题的信息检索技术与用于多项选择题自然语言推理的深度学习模型相结合。首先，利用 Lucene 提取相关的知识支持度，获取候选问答对。随后，对元组（问题、答案和上下文）进行改进的语义相似度计算，预测当前答案是否正确。该求解器采用双向注意力流（BiDirectional Attention Flow，BiDAF）结构生成答案。

Manna 等人[6] 提出了一种基于信息检索的问答系统，将食谱相关信息与食物进行匹配。该问答系统由以下四个模块组成：

- Apache Lucene 模块，它是一个与烹饪食谱信息和烹饪相关文档有关的检索数据库。
- 查询处理模块，该模块对问题进行标记，识别问题类型，并从问题中提取信息片段，包括 Pos 标记。
- 文档处理模块，从一个或多个数据系统中获取相关信息，并将获得的文档分类整理到 Apache Lucene 模块中。

- 答案处理模块，检查信息文件，为特定问题提供精确答案。

3.3 问答的神经语义解析

语义解析是解决将人类语言翻译成计算机语言的问题，是问答任务的核心。在这个任务中，问题和答案用人类语言的格式表示。前文叙述的编码器-解码器结构中的神经网络通常用于语义解析。

问题的语义解析通常包括标记化和关系提取，以识别关系和实体。Yih 等人[7]对单一关系问题进行了语义解析。首先，将问题分为实体提及和关系模式两个不相关的部分。然后，基于卷积神经网络的语义模型（CNNSM）由散列层、卷积层和最大池化层组成，从实体提及和关系模式中提取词序列，生成语义嵌入。针对关系模式和实体提及对分别训练了两种卷积神经网络语义模型，将语义相关性分数定义为两个语义向量的余弦值。通过这种方式，计算知识中模式和实体与实体和问题中的关系和提及的语义关联得分，以生成答案。

Krishnamurthy 等人[8]提出了一种语义解析模型，该模型使用带有长短期记忆单元的循环神经网络，并采用编码器-解码器结构。在编码器-解码器结构中引入了两处修改。首先，编码器包括一个特殊的实体嵌入和链接模块，该模块为每个表示其链接到的表实体的问题标记生成链接嵌入。其次，添加了类型约束语法，以确保生成的逻辑形式满足类型约束条件。

3.4 问答知识库

知识库（Knowledge Base，KB）是一种用于存储计算机系统所使用的复杂结构和非结构化信息的技术，其中的每条知识都用包含两个实体和实体之间关系的三元组表示。知识库有两种类型：策划知识库（Curated KB）和抽取知识库（Extracted KB）。策划知识库从维基百科和 WordNet 等基于 Web 的知识库中提取大量的实体和实体关系，可以理解为结构化的维基百科，包括 Freebase[9] 和 Yago2[10]。抽取知识库直接从互联网上提取知识，包括开放信息抽取（Open Information Extraction，OpenIE）[11] 和永动语言学习机（Never-Ending Language Learning，NELL）[12]。与策划知识库相比，抽取知识库的知识往往更加多样化，以自然语言的方式存在，噪声更多，精度较低。

生成知识库的两个关键技术是实体链接和关系抽取。实体链接将文档中的实体名称链接到知识库中特定的实体。这一过程在自然语言处理领域遇到了两个问题：实体识别和实体消歧。关系抽取通过词性标注、语法分析、生成依赖树、支持向量机和最大熵模型等关键技术对文档中的实体关系进行抽取和分类。

参考文献

[1] Soares M A C,Parreiras F S. A literature review on question answering techniques, paradigms and systems. Journal of King Saud University-Computer and Information Sciences. 2020, 32(6): 635-646.

[2] Riloff E,Thelen M. A rule-based question answering system for reading comprehension tests. ANLP-NAACL 2000 Workshop: Reading Comprehension Tests as Evaluation for Computer-Based Language Understanding Systems, 2000.

[3] GUSMITA R H, DURACHMAN Y, HARUN S, et al. A rule-based question answering system on relevant documents of indonesian quran translation. 2014 International Conference on Cyber and IT Service Management (CITSM). South Tangerang, Indonesia: IEEE, 2014: 104-107.

[4] ARCHANA S,VAHAB N, THANKAPPAN REKHA, et al. A rule based question answering system in malayalam corpus using vibhakthi and pos tag analysis. Procedia Technology, 2016, 24: 1534-1541.

[5] PîRTOACĂ G S, Rebedea T, Rușeți Ș. Improving retrieval-based question answering with deep inference models. 2019 International Joint Conference on Neural Networks (IJCNN). Budapest, Hungary: IEEE, 2019: 1-8.

[6] MANNA R, DAS D, GELBUKH A. Information retrieval-based question answering system on foods and recipes. Mexican International Conference on Artificial Intelligence. Berlin, Heidelberg: Springer, 2020: 260-270.

[7] YIH W, HE X D, MEEK C. Semantic parsing for single-relation question answering. Proceedings of the 52nd Annual Meeting of the Association for Computational Linguistics (Volume 2: Short Papers). Baltimore, Maryland: Association for Computational Linguistics, 2014: 643-648.

[8] KRISHNAMURTHY J, DASIGI P, GARDNER M. Neural semantic parsing with type constraints for semi-structured tables. Proceedings of the 2017 Conference on Empirical Methods in Natural Language Processing. Copenhagen, Denmark: Association for Computational Linguistics, 2017: 1516-1526.

[9] BOLLACKER K, EVANS C, PARITOSH P, STURGE T, et al. Freebase: a collaboratively created graph database for structuring human knowledge. Proceedings of the 2008 ACM SIGMOD international conference on Management of data. New York, NY, USA: Association for Computing Machinery, 2008: 1247-1250.

[10] Hoffart J, Suchanek F, Berberich K, et al. Yago2: A spatially and temporally enhanced knowledge base from wikipedia. Artificial Intelligence. GBR: Elsevier Science Publishers Ltd., 2009, 52(4): 56-64.

[11] ETZIONI O, BANKO M, SODERLAND S, et al. Open information extraction from the web. Communications of the ACM.ACM, 2008, 51(12): 68-74.

[12] CARLSON A, BETTERIDGE J, KISIEL B, et al. Toward an architecture for never-ending language learning. Twenty-Fourth AAAI conference on artificial intelligence. Palo Alto, California USA: AAAI Press, 2010: 1306-1313.

[13] BERANT J, CHOU ANDREW,FROSTIG ROY, et al. Semantic parsing on freebase from question-answer pairs. Proceedings of the 2013 conference on empirical methods in natural language processing. Seattle, Washington, USA. Association for Computational Linguistics, 2013: 1533-1544.

[14] LIU Y, ZHANG CH W, YAN X H, et al. Generative question refinement with deep reinforcement learning in retrieval-based qa system. Proceedings of the 28th ACM International Conference on Information and Knowledge Management. New York, NY, USA: Association for Computing Machinery, 2019: 1643-1652.

第 2 部分 · 图像视觉问答 ·

　　视觉问答任务根据输入的视觉格式（图像、视频）不同可以进一步划分。本书的第 2 部分关注经典的视觉问答，尤其是基于图像输入的视觉问答。本部分共分 3 章，分别介绍了经典视觉问答、基于知识的视觉问答以及视觉问答的视觉和语言预训练。

第 4 章
CHAPTER 4

经典视觉问答

近年来,视觉问答任务受到计算机视觉和自然语言处理研究领域的广泛关注。给定一张图像和相应的自然语言问题,视觉问答系统需要理解问题,找出图像中的基本视觉元素从而预测正确答案。本章首先介绍视觉问答任务的常用数据集,如 COCO-QA、VQA-v1 和 VQA-v2。随后详细描述几种经典的视觉问答方法,分别是联合嵌入、注意力机制、记忆网络、组合推理和图神经网络。

4.1 简介

视觉问答已经普及多年,出现了许多变体和扩展版本。例如,视频问答[1,2]将视觉问答从图像扩展到视频,Text VQA[3]要求视觉问答模型回答光学字符识别(Optical Character Recognition,OCR)相关的问题,而基于知识的文献[4,5]旨在回答与知识相关的视觉问题。这些广泛和高级的主题将在接下来的章节中介绍和讨论。本章重点关注经典的视觉问答任务及相应的数据集和方法。

在最常见的视觉问答任务中,计算机会接收一张图片以及与该图片相关的自然语言问题。随后,计算机需要确定正确的答案,通常以几个单词或一个短语的形式呈现。答案空间还有其他几种变体,例如,二进制答案(是或否)[6,7]和多项选择题[6,8],其中多项选择题会给出候选答案。

本章将全面回顾经典视觉问答方法,并根据它们的主要贡献将其分为五类。许多方法具有增量贡献,因此属于多个类别。

第一,联合嵌入(4.4 节)是由计算机视觉和自然语言处理领域的深度神经网络的进步所推动的。这些方法分别使用卷积神经网络和循环神经网络来学习图像和句子在公共特征空间中的嵌入。这些实体可以被输入预测答案的分类器中[9-11]。

第二,注意力机制(4.5 节)通过关注输入的特定部分(图像和/或问题)来改进上述方法。视觉问答[8,12-17]中的注意力受到了在图像描述[18]生成方面的成功启发，其主要思想是用空间特征映射替换整体（图像范围）特征，并允许问题与这些特征图的特定区域进行交互。著名的 Transformer[19]模型是注意力机制的扩展版本。该节将解释注意力机制，并讨论不同的变体。

第三，记忆网络（4.6 节）扩展了注意力机制，但允许模型对输入（在我们的例子中是问题和图像）的内部表示进行读写操作。

第四，组合推理（4.7 节）允许我们根据每个问题实例调整所执行的计算。例如，Andreas 等人[15]使用解析器分解给定的问题，并使用反映问题结构的组成模块构建神经网络。

第五，图神经网络（4.8 节）使模型能够对结构表示进行推理，例如场景图表示。这种类型的模型表现出了出色的性能，特别是在空间和逻辑推理方面。后来人们引入了图注意力机制来提高性能。

此外，本章研究了可用于训练和评估视觉问答系统的数据集。这些数据集在三个维度上存在很大差异，包括：一是数据集的规模，如图像、问题和所代表的不同概念的数量；二是所需的推理量，如是否足以探测到单个物体，或是否需要对多个事实或概念进行推理；三是数据集是合成的还是由人工标注的。

4.2 数据集

针对视觉问答的研究，研究者提出了大量的数据集。这些数据集至少包含由图像、问题及其正确答案组成的三元组。在某些情况下，会提供额外的标注，例如图像描述、支持答案的图像区域或选择题候选答案。数据集及其问题在复杂性、推理和非视觉（"常识"）信息的数量上存在很大差异，以推断出正确答案。本节对现有数据集进行全面的比较，并讨论它们是否适合评估视觉问答系统不同方面。本节只关注一般的经典视觉问答数据集，对于其他特定领域的视觉问答数据集，如医疗视觉问答、文本视觉问答和基于知识的视觉问答，将在其他部分介绍。

区分不同数据集的第一个关键特征是它们的图像类型，大致可以分为自然（natural）、剪贴画（clip art）和合成图像（synthetic）。在初始阶段广泛使用的数据集，如 DAQUAR[20]、COCO-QA[21] 和 VQA-v1-real[6] 使用自然（真实）图像。目前使用最广泛的数据集，特别是 VQA-v2[22] 数据集，是原始 VQA-v1-real 的扩展版本，也使用了自然图像。VQA-v1-abstract[6] 和它的平衡版本[7] 基于合成剪贴画（卡通）图像。

数据集之间的第二个关键特征是问答的格式：开放式问题和多项选择题。前者不包括任何预定义的答案集，通常适用于 DAQUAR、COCO-QA、FM-IQA[9] 和 Visual Genome[23]。多项选择题为每个问题提供了一组有限的可能答案，例如在 Visual Madlibs[24] 中使用了该设置。VQA-v1-real 和 Visual7W[8] 数据集允许使用开放式问题或多项选择题进行评估。两种设置的结果无法进行比较，开放式问题被认为更具挑战性，难以定量评估。大多数作者在开放式问题设置下处理 VQA-v1-real 数据集，而 Visual7w 的作者推荐使用多项选择题进行更易解释的评估。

这些数据集的详细内容如下文所示，其关键特征如表 4-1 所示。

1. DAQUAR

DAQUAR[20] 是真实世界图像问答数据集的英文缩写，是第一个为视觉问答任务提出的数据集。DAQUAR 基于 NYU-Depth v2 数据集构建，包含 1449 张图像（795 张用于训练，654 张用于测试）。相应的问答对通过两种方式收集：第一种方式是合成的，通过预定义的模板根据 NYU 数据集中的标注自动生成问答对；第二种方式是人工的，由人工标注员收集问答对，重点关注基本颜色、数字、对象和集合。该数据集共收集到 12,468 对问答数据，其中 6,794 对用于训练，5,674 对用于测试。DAQUAR 是第一个大型的视觉问答数据集，它推动了早期视觉问答方法的发展。然而，它的缺点在于存在答案的局限性和对少数对象的强烈偏见。

2. COCO-QA

COCO-QA[21] 是基于 Microsoft 通用对象上下文数据（COCO）数据集[25] 构建的，包含 123,287 张图像（78,736 张图像用于训练，38,948 张图像用于测试）。相应的问答对是通过将图像描述转换为问答形式自动生成的。每个 COCO-QA 中的图像都有一个问答对。COCO-QA 增加了用于视觉问答任务的训练数据，但自动生成的问题存在高度重复的问题，有很高的重复率。

3. FM-IQA

FM-IQA 数据集[9] 是指自由式多语言图像问答，也是基于 COCO 数据集构建的，包含 120,360 张图像。与 COCO-QA 相比，FM-IQA 最显著的区别是，问答对是由人工标注员从 Amazon Mechanical Turk（AMT）众包平台收集的。这些人工标注员可以针对给定的图像提出任何类型的问题，从而提高了问题的多样性和质量。该数据集共收集了 250,560 个问答对。

4. VQA-v1

VQA-v1 数据集[6] 是基于 COCO 数据集构建的，是应用最广泛的 VQA 数据集之一，该数据集由使用自然图像的 VQA-v1-real 和使用合成卡通图像的 VQA-v1-abstract 两部分组成。VQA-v1-real 数据集包含来自 COCO 数据集的 123,287 张训练图像和 81,434 张测试图像。问答对由人工标注员收集，有高度的多样性，并引入了二进制（是/否）问题。该数据集总共收集了 614,163 个问题，每个问题由 10 名不同的标注员提供 10 个答案。然而，该数据集存在较大的偏见，其中一些问题可以在不需要视觉知识的情况下回答。例如，对于以 "你是否看到……" 为开头的问题，即使不看图片而盲目回答 "是"，准确率也可以达到 87%。VQA-v1-abstract 数据集的目的是提高视觉问答模型的高级推理能力。VQA-v1-abstract 数据集包含 50,000 个剪贴画场景和共计 150,000 个问题（每个场景有 3 个问题），每个问题由 10 个标注员回答，采用与 VQA-v1-real 数据集类似的方式进行收集。

5. VQA-v2

VQA-v2 数据集是 VQA-v1-real 数据集的扩展版本，旨在解决原始数据集存在的较大偏见的问题。平衡的 VQA-v2 数据集是通过收集相似但答案不同的互补图像构建的。具体来说，对于每个问题，AMT 工作人员会收集两张相似的图像，且对应的答案是不同的。总体来说，VQA-v2 数据集有 204,721 张图像和 1,105,904 个问题，每个问题有 10 个答案。图像-问题对的数量是 VQA v1-real 数据集的两倍。平衡的 VQA-v2 数据集缓解了原始 VQA-v1-real 数据集的偏见问题，防止了视觉问答模型利用语言先验知识来获得更高的评估分数，并有助于开发高度可解释性、更关注于视觉内容的视觉问答模型。

6. Visual Genome

Visual Genome QA 数据集 [23] 是基于 Visual Genome 项目 [23] 构建的，其包括以场景图形式对场景内容进行独特结构化标注。这些场景图用属性和它们之间的关系描述了场景中的视觉元素。Visual Genome 数据集包含来自 COCO 数据集的 108,000 张图像。问答对由人工标注员收集。考虑两种类型的问题：自由形式和基于区域的设置问题，问题必须以 "谁、什么、在哪、何时、为什么、如何或哪个" 开头。在自由形式的设置中，标注员会看到一张图片，并被要求提供 8 个问答对。为了鼓励多样性，标注员被迫在上述提到的 7 个词中使用 3 个不同的起始词。在基于区域的设置中，给定图像的区域，标注员必须提供与图像的特定区域相关的问答。Visual Genome 数据集的一个关键优势是使用结构化场景标注，所以其答案比 VQA-real [6] 更具多样性。

7. Visual7W

Visual7W 数据集 [8] 是 Visual Genome 的一个子集，包含 47,300 张图像和 327,939 个带有附加标注的问题。这些问题在多项选择题中进行评估，每个问题都有 4 个候选答案，只有 1 个是正确的。此外，问题中提到的所有对象都是真实可见的，即与图像中描述对象的边界框相关联。

表 4-1　视觉问答的主要数据集及其关键特征

数据集	图像	图像数量/张	问题数量/个	问题/答案	问题数量/类	问题收集方式	问题平均长度	答案平均长度	评估方法
DAQUAR	NYU-Depth V2	1,449	12,468	8.6	4	人工	11.5	1.2	准确率、WUPS
COCO-QA	COCO	117,684	117,684	1.0	4	自动	8.6	1.0	准确率、WUPS
FM-IQA	COCO	120,360	—	—	—	人工	—	—	人类表现
VQA-v1-real	COCO	204,721	614,163	3.0	20+	人工	6.2	1.1	与 10 名人类的准确率对比
VQA-v2	COCO	204,721	1,105,904	5.4	—	人工	—	—	与 10 名人类的准确率对比
Visual Genome	COCO	108,000	1,445,322	13.4	7	人工	5.7	1.8	准确率
Visual7W	COCO	47,300	327,939	6.9	7	人工	6.9	1.1	准确率

4.3　生成与分类：两种回答策略

经典的视觉问答模型通常由三部分组成：从给定图像和问题中提取视觉和文本特征、视觉和文本特征的融合以及根据融合特征的答案生成。一般来说，卷积神经网络如 VGGNet、ResNet 和 Faster R-CNN 用于提取图像特征，循环神经网络如 LSTM 和 GRU 用于提取问题特征。特征融合应用了联合嵌入和注意力机制等深度学习技术。在答案生成方面，存在两种回答策略：将问答视为生成任务或分类任务。如图 4-1 所示，当视为分类任务时，图像和问题的联合嵌入通过神经网络分类器传递，并从预定义的词汇表中生成单短语答案。相反，当视为生成任务时，作为解码器的循环神经网络用于生成不同长度的答案。

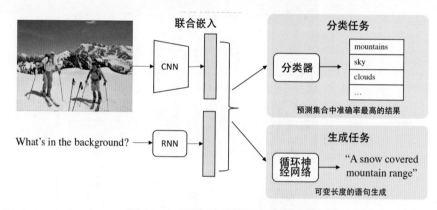

图 4-1　生成和分类两种策略的区别

4.4　联合嵌入

多模态联合嵌入最初被提出用于执行图像描述任务 [26-29]，并在视觉问答任务中得到了加强。通过将图像和问题都投射到一个共同的空间，可以使用简单且广泛采用的联合嵌入方法完成视觉问答任务。本节介绍两种联合嵌入模型：序列到序列编码器-解码器模型和双线性编码模型。

4.4.1　序列到序列编码器-解码器模型

1. 动机

随着深度学习技术的发展，端到端方法已成为解决计算机视觉和自然语言处理问题的有效工具。此外，基于多模态编码器-解码器结构的多模态学习（例如图像描述）也取得了显著成果。因此，研究者很直观地想到将编码器-解码器结构引入视觉问答方法中。为了解决具有挑战性的视觉问答任务，研究者已经提出了几种编码器-解码器视觉问答模型，例如神经图像问答和多模态问答（mQA）。

2. 方法

Malinowski 等人[30] 提出了一种端到端的深度学习结构——神经图像问答（neural image-QA），以在庞大且单一的模型中回答有关真实图像的自然语言问题，如图 4-2 所示。

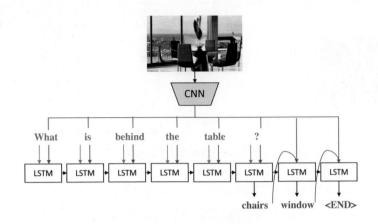

图 4-2　神经图像问答概述图

在神经图像问答中，使用一个 CNN 网络提取图像特征，使用 LSTM 网络对问题进行编码。随后，将这两个网络结合起来以生成多个单词的答案。在这个结构中，答案预测被表述为多个单词的序列生成过程：

$$\hat{\boldsymbol{a}}_t = \underset{\boldsymbol{a}\in\mathcal{V}}{\arg\max}\, p(\boldsymbol{a}|\boldsymbol{x},\boldsymbol{q},\hat{\boldsymbol{A}}_{t-1};\theta),\tag{4-1}$$

式中，$\hat{\boldsymbol{A}}_{t-1} = \{\hat{\boldsymbol{a}}_1,\cdots,\hat{\boldsymbol{a}}_{t-1}\}$ 表示之前的答案词；$\boldsymbol{x}$ 和 $\boldsymbol{q}$ 表示给定的图像和问题；$\mathcal{V}$ 表示答案词汇表；θ 表示模型中的可学习参数。给定图像 $\boldsymbol{x}$ 由 GoogLeNet 编码，并在 ImageNet 数据集上进行了预训练。此外，带有答案词 $\boldsymbol{a}$ 的给定问题 $\boldsymbol{q}$ 被编码为独热（One-hot）向量，并通过学习的嵌入网络嵌入低维向量中。随后，问题 $\boldsymbol{q}$ 增加了答案词 $\boldsymbol{a}$ 作为 $\hat{\boldsymbol{q}}$，即 $\hat{\boldsymbol{q}} = [\boldsymbol{q},\boldsymbol{a}]$。具体来说，在训练阶段，$\boldsymbol{q}$ 增加了真实答案词 $\boldsymbol{a}$。在预测阶段，在每个时间步 t，$\boldsymbol{q}$ 用预测的答案词 $\hat{\boldsymbol{a}}_{1,2,\cdots,t}$ 作为 $\hat{\boldsymbol{q}}_t$ 进行扩充，即 $\hat{\boldsymbol{q}}_t = [\boldsymbol{q},\hat{\boldsymbol{a}}_{1,2,\cdots,t}]$。接下来，LSTM 单元将 $\boldsymbol{v}_t$ 作为输入，它是 $[\boldsymbol{x},\hat{\boldsymbol{q}}_t]$ 的串联，并在每个时间步 t 预测答案词 $\hat{\boldsymbol{a}}_t$。在这个过程中，LSTM 网络预测一个由多个单词组成的序列作为答案，直到预测出符号词 <END>。

Gao 等人[31] 提出了一种多模态问答（mQA）模型，其中使用两个独立的 LSTM 网络来准备问题和答案。多模态问答结构与神经图像问答结构不同，后者通过连接来增强问题的答案，并且只使用一个 LSTM，如图 4-3 所示。

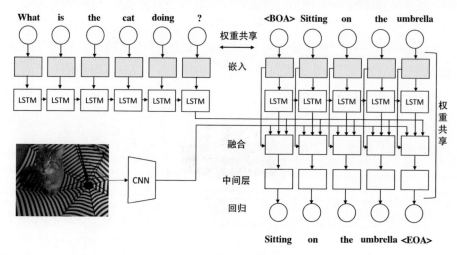

图 4-3 多模态问答概述图

多模态问答由四个关键部分组成：一个名为 LSTM(Q) 的 LSTM 网络，用于提取问题表示，一个用于提取图像特征的 CNN 网络，一个称为 LSTM(A) 的 LSTM 网络用于提取答案词的表示，以及一个生成答案的特征融合网络。具体来说，在 ImageNet 数据集上预训练的 GoogLeNet 用于提取图像特征，这些特征在问答训练过程中是固定的。与神经图像问答相比，LSTM(Q) 和 LSTM(A) 具有相似的网络结构，但不共享权重参数。前三个组件的特征由第 t 个单词的最后一个特征融合组件融合为

$$f(t) = g(\boldsymbol{V}_{r_Q}\boldsymbol{r}_Q + \boldsymbol{V}_I\boldsymbol{I} + \boldsymbol{V}_{r_A}\boldsymbol{r}_A(t) + \boldsymbol{V}_w\boldsymbol{w}(t)), \tag{4-2}$$

式中，"+" 表示元素相加；$\boldsymbol{r}_Q$ 表示 LSTM(Q) 中最后一个单词的表示；$\boldsymbol{I}$ 表示图像特征；$\boldsymbol{r}_A(t)$ 表示 LSTM(A) 对于第 t 个单词的隐藏表示；$\boldsymbol{w}(t)$ 表示答案中第 t 个词的词嵌入；$\boldsymbol{V}$ 表示可学习的权重矩阵；$g(\cdot)$ 表示元素相加的非线性函数。融合后的多模态表示由一个中间层映射回单词表示，然后通过一个完全连接的 softmax 层生成答案。此外，由于问题和答案中的相同单词必须具有相同的含义，因此多模态问答采用了权重共享策略，可以减少参数并有助于提高性能。特别地，LSTM(Q) 和 LSTM(A) 中的词嵌入表示的权重矩阵是共享的，并且词嵌入表示的权重矩阵以转置的方式与 softmax 层共享。

3. 性能和局限性

最早的序列到序列编码器-解码器模型的联合嵌入视觉问答方法（例如神经图像问答和多模态问答）可以被认为是视觉问答任务的简单基线方法，它们在几

个视觉问答数据集上的性能表现较差。实际上，这些方法过于简单，通过简单的逐元素运算实现多模态信息融合，因此无法捕获图像和问题中包含的复杂信息。

4.4.2　双线性编码模型

1. 动机

对问答系统编码视觉和文本特征的表达式联合嵌入是必要的，这样可以更容易地学习分类器并能有效地实现推理。事实上，简单的联合嵌入方法，如元素乘积、元素求和及串联，并不能轻易地捕捉视觉和文本特征之间复杂的相关性。双线性池化模型被认为比简单的元素融合方法更具表现力。然而，由于需要消耗巨大的内存和计算成本，原生双线性池化模型不能直接用于视觉问答任务。例如，如果将图像和问题的特征向量设置为 2,048 维，并包含 3,000 种答案，那么可学习的双线性模型将有 125 亿个参数。因此，研究者已经提出了几种可以解决上述问题的多模态双线性池化模型，用于对视觉问答任务中的联合嵌入进行编码，例如MCB 和 MLB。

2. 方法

原生双线性池化模型将视觉特征向量 $\boldsymbol{x}$ 和文本特征向量 $\boldsymbol{q}$ 的外积作为输入，在学习的线性模型 M 中生成具有大量参数的投影特征向量 $\boldsymbol{z}$：

$$\boldsymbol{z} = M[\boldsymbol{x} \otimes \boldsymbol{q}], \tag{4-3}$$

式中，$\otimes$ 表示求外积的过程；$[\cdot]$ 表示将矩阵线性化为向量。为了将高维外积投射到低维空间并间接计算外积，Fukui 等人 [32] 提出了多模态紧凑双线性池化（Multimodal Compact Bilinear Pooling，MCB），它利用计数草图投影函数 $\varPsi$ [33] 将向量 $\boldsymbol{v} \in \mathbb{R}^n$ 投射到向量 $\boldsymbol{y} \in \mathbb{R}^d$。该计数草图使用两个向量 $\boldsymbol{s} \in \{-1, 1\}^n$ 和 $\boldsymbol{h} \in \{1, \cdots, d\}^n$ 完成，它们从均匀分布中随机初始化，并在将来调用计数草图时固定不变。此外，$\boldsymbol{y}$ 被初始化为零向量。具体来说，$\boldsymbol{s}$ 用于将输入向量 $\boldsymbol{v}$ 中每个元素的值 v_i 映射为值 v_i 或 $-v_i$，而 $\boldsymbol{h}$ 用于将输入向量 $\boldsymbol{v}$ 中的每个索引 i 映射到输出向量 $\boldsymbol{y}$ 中的索引 j。对于输入向量 $\boldsymbol{v}$ 中的每个元素 v_i，目标索引计算为 $j = h_i$，并获得相应的值作为 $y_j = s_i \cdot v_i$。通过这个过程，可以将外积投射到较低维空间，从而减少 $\boldsymbol{W}$ 中的大量参数。如图 4-4 所示，视觉向量 $\boldsymbol{x}$ 和文本向量 $\boldsymbol{q}$ 都被投射以使用 $\varPsi$ 计算 $\boldsymbol{x}'$ 和 $\boldsymbol{q}'$ 的计数草图向量。此外，为了间接有效地计算外积，$\boldsymbol{x}$ 和 $\boldsymbol{q}$ 的外积的计数草图可以计算如下：

$$\varPsi(\boldsymbol{x} \otimes \boldsymbol{q}, \boldsymbol{h}, \boldsymbol{s}) = \varPsi(\boldsymbol{x}, \boldsymbol{h}, \boldsymbol{s}) * \varPsi(\boldsymbol{q}, \boldsymbol{h}, \boldsymbol{s}) = \boldsymbol{x}' * \boldsymbol{q}', \tag{4-4}$$

式中，$*$ 表示卷积过程。根据卷积定理，$\boldsymbol{x}' * \boldsymbol{q}'$ 在时域的卷积可以在频域中改写为

$$\boldsymbol{x}' * \boldsymbol{q}' = \text{FFT}^{-1}\left(\text{FFT}\left(\boldsymbol{x}'\right) \odot \text{FFT}\left(\boldsymbol{q}'\right)\right), \tag{4-5}$$

式中，$\odot$ 表示元素乘积；$\text{FFT}(\cdot)$ 表示快速傅里叶变换；$\text{FFT}^{-1}(\cdot)$ 表示快速傅里叶逆变换。目前，已经建立了多模态紧凑双线性池化的过程，并且这种联合嵌入比简单的联合嵌入方法具有更好的表现。

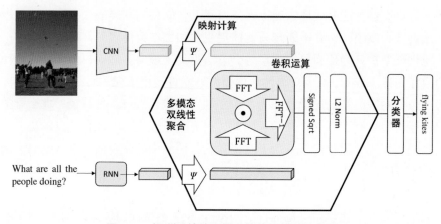

图 4-4　视觉问答的多模态紧凑双线性池化图

尽管 MCB 涉及的参数比原生双线性池化模型少得多，但它仍然会生成高维特征并且计算复杂度较高。为了进一步减少参数量，Kim 等人[34] 提出了多模态低秩双线性池化（Mltimodal Low-rank Bilinear Pooling，MLB）。双线性模型生成投影向量 $\boldsymbol{z}$ 的过程可以重写为 $\boldsymbol{z} = \boldsymbol{x}^{\top}\boldsymbol{W}\boldsymbol{q}$，其中 $\boldsymbol{W}$ 是高秩权重矩阵。多模态低秩双线性池化的核心思想是将大的权重矩阵 $\boldsymbol{W}$ 分解成两个小的低秩权重矩阵 $\boldsymbol{W} = \boldsymbol{U}\boldsymbol{V}^{\top}$，在这种情况下，投影向量 $\boldsymbol{z}$ 可以表示为

$$\boldsymbol{z} = \boldsymbol{P}^{\top}(\boldsymbol{U}^{\top}\boldsymbol{x} \circ \boldsymbol{V}^{\top}\boldsymbol{q}), \tag{4-6}$$

式中，$\boldsymbol{P}$ 表示一个矩阵；$\circ$ 表示哈达玛积。

3. 性能和局限性

MCB 和 MLB 等双线性编码方法在视觉问答任务中取得了显著的性能效果。特别地，MCB 表现出了最先进的性能，在开放式问题的 VQA-v1-real test-std 数据集上的总体得分为 66.5%。MLB 的计算参数明显减少，取得了 66.89% 的竞争力分数，略有提高。双线性编码方法最显著的缺点是计算成本很高。

4.5　注意力机制

注意力机制已广泛且有效地用于计算机视觉和自然语言处理任务。在视觉问答任务中利用注意力机制很直观，基于注意力的方法很有希望提高模型的性能。本节介绍几个经典的基于注意力的视觉问答模型，例如堆叠注意力网络（Stacked Attention Network，SAN）、分层问题-图像协同注意力（Hierarchical Question-image co-Attention，HieCoAtt）、自底向上和自顶向下的（Bottom-Up and Top-Down，BUTD）注意力。

4.5.1　堆叠注意力网络

1. 动机

视觉问答任务中的一种常见做法是使用卷积神经网络提取全局图像特征，使用循环神经网络提取整体问题特征。然而，这种简单的方法无法处理复杂的视觉问答任务，这些任务通常需要多步细粒度推理。全局图像特征可能会在视觉问答模型中引入不相关图像区域的噪声。此外，在遇到复杂问题时，单步注意力机制不足以有效地识别正确的区域。因此，Yang 等人[16] 提出了一种堆叠注意力网络，其基于多层注意力机制实现视觉问答任务的多步细粒度推理。

2. 方法

如图 4-5 所示，SAN 由三个主要部分组成：图像特征提取、问题特征提取和堆叠注意力。

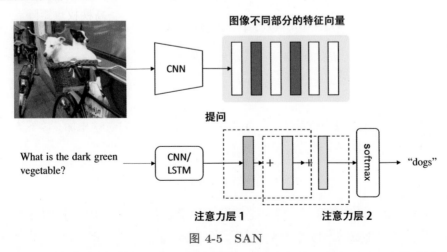

图 4-5　SAN

对于图像特征提取，SAN 利用 VGGNet 的最后一个池化层提取图像特征 f_I，该特征可以保留输入图像 I 的空间信息：

$$f_I = \text{CNN}_{\text{VGG}}(I). \tag{4-7}$$

图像特征 f_I 的维数为 $512 \times 14 \times 14$，其中 14×14 表示输入图像 I 中的区域数。随后，将所有 196 个区域中的每个特征向量 f_i 都转换为与问题特征 v_Q 相同维度的最终图像特征 v_I：

$$v_I = \tanh(W_I f_I + b_I). \tag{4-8}$$

给定 T 个问题词 $q = [q_1, \cdots, q_T]$ 的独热表示，SAN 使用两种方法提取问题特征：基于 LSTM 的方法和基于卷积神经网络的方法。在基于 LSTM 的方法中，问题 q 被嵌入向量并输入 LSTM 网络中，其中最后一层的隐藏状态 h_T 被视为问题特征 v_Q。在基于卷积神经网络的方法中，SAN 首先将独热单词表示嵌入向量 $x = [x_1, \cdots, x_T]$ 中。随后，SAN 使用多个卷积核和最大池化来生成一元模型（unigram）、二元模型（bigram）和三元模型（trigram）的文本特征 $\tilde{h}_1, \tilde{h}_2, \tilde{h}_3$：

$$h_{c,t} = \tanh(W_c x_{t:t+c-1} + b_c), \tag{4-9}$$

$$\tilde{h}_c = \max_t [h_{c,1}, h_{c,2}, \cdots, h_{c,T-c+1}], \tag{4-10}$$

式中，$c = 1, 2, 3$ 代表不同的内核大小。接下来，将这些特征串联起来，作为最终的问题特征 v_Q：

$$v_Q = [\tilde{h}_1, \tilde{h}_2, \tilde{h}_3]. \tag{4-11}$$

使用图像特征 v_I 和问题特征 v_Q，通过带有 softmax 的单层网络为 v_Q 计算每个图像区域 v_i 上的注意力权重 p_I，从而获得关注的图像特征 $\tilde{v}_I$：

$$h_A = \tanh(W_{I,A} v_I \oplus (W_{Q,A} v_Q + b_A)), \tag{4-12}$$

$$p_I = \text{softmax}(W_P h_A + b_P), \tag{4-13}$$

$$\tilde{v}_I = \sum_i p_i v_i, \tag{4-14}$$

式中，$W.$ 表示可学习的权重；$b.$ 表示偏差；$\oplus$ 表示矩阵和向量相加。接下来，将 $\tilde{v}_I$ 与 v_Q 组合为多头注意力过程的查询向量 u：

$$u = \tilde{v}_I + v_Q. \tag{4-15}$$

具体来说，SAN 使用了多个注意力层，对于第 k 个注意力层，使用查询向量 u^{k-1} 生成经过注意的图像特征 $\tilde{v}_I^k$。接下来，通过对 u^{k-1} 和 $\tilde{v}_I^k$ 求和，得到一个新的查询向量 u^k，并重复 K 次这个过程，直到产生最终的查询向量 u^k：

$$h_A^k = \tanh(\boldsymbol{W}_{I,A}^k \boldsymbol{v}_I \oplus (\boldsymbol{W}_{Q,A}^k \boldsymbol{u}^{k-1} + \boldsymbol{b}_A^k)), \tag{4-16}$$

$$\boldsymbol{p}_I^k = \mathrm{softmax}(\boldsymbol{W}_P^k \boldsymbol{h}_A^k + \boldsymbol{b}_P^k), \tag{4-17}$$

$$\tilde{\boldsymbol{v}}_I^k = \sum_i \boldsymbol{p}_i^k \boldsymbol{v}_i, \tag{4-18}$$

$$\boldsymbol{u}^k = \tilde{\boldsymbol{v}}_I^k + \boldsymbol{u}^{k-1}. \tag{4-19}$$

式中，$\boldsymbol{u}^0$ 设置为 $\boldsymbol{v}_Q$。最后，使用 $\boldsymbol{u}^K$ 预测答案：

$$\boldsymbol{p}_{\mathrm{ans}} = \mathrm{softmax}(\boldsymbol{W}_u \boldsymbol{u}^K + \boldsymbol{b}_u). \tag{4-20}$$

3. 性能和局限性

SAN 在 VQA-v1 测试标准数据集上的总体得分为 58.9%，比最佳视觉问答基线高出 4.8%，并且以相当大的优势超越现有的最先进方法 DAQAR 和 COCO-QA 的视觉问答数据集。研究表明，两层 SAN 优于单层 SAN，这证明了使用多个注意力层具有积极作用。

4.5.2　分层问题-图像协同注意力

1. 动机

现有的基于注意力的视觉问答方法，仅实现了问题引导的视觉注意力，重点关注看哪里。然而，知道听哪里也同样重要。此外，图像引导的问题注意力可以降低视觉问答任务中可变问题的语言噪声。考虑到这点，Lu 等人[35] 提出了分层问题-图像协同注意力（Hierarchical question-image Co-Attention, HieCoAtt）来处理视觉问答任务，它可以与问题引导的图像注意力和图像引导的问题注意力共同实现协同注意力。

2. 方法

为了实现分层问题-图像协同注意力，Lu 等人提出了两个新的组件：问题分层和协同注意力。

给定 T 个疑问词的独热表示 $\boldsymbol{Q} = \{\boldsymbol{q}_1, \cdots, \boldsymbol{q}_T\}$，问题分层模块生成三个层次的嵌入：词级嵌入 $\boldsymbol{q}_t^w$、短语级嵌入 $\boldsymbol{q}_t^p$ 和问题级嵌入 $\boldsymbol{q}_t^s$。具体来说，独热编码的问题词被嵌入词级嵌入中 $\boldsymbol{Q}^w = \{\boldsymbol{q}_1^w, \cdots, \boldsymbol{q}_T^w\}$，短语级嵌入由多核卷积和最大池化获得，类似于 SAN 中的基于 CNN 的问题特征提取。短语级嵌入的生成可以表示如下：

$$\hat{\boldsymbol{q}}_{s,t}^p = \tanh(\boldsymbol{W}_c^s \boldsymbol{q}_{t:t+s-1}^w), \quad s \in \{1,2,3\}, \tag{4-21}$$

$$\boldsymbol{q}_t^p = \max(\hat{\boldsymbol{q}}_{1,t}^p, \hat{\boldsymbol{q}}_{2,t}^p, \hat{\boldsymbol{q}}_{3,t}^p), \quad t \in \{1,2,\cdots,T\}, \tag{4-22}$$

式中，s 代表不同的窗口大小。问题级嵌入 $\boldsymbol{q}_t^s$ 是 LSTM 网络在 t 时刻的隐藏状态编码，其中短语级嵌入 $\boldsymbol{q}_t^p$ 也是编码的。研究者提出了两种协同注意力机制：并行协同注意力和交替协同注意力。我们将介绍更具代表性的并行协同注意力。如图 4-6 所示，在并行协同注意力中，协同注意力在图像和问题之间同时实现。

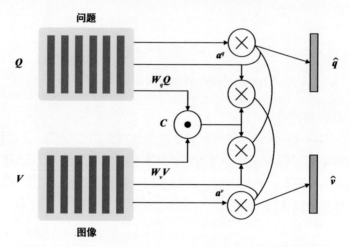

图 4-6　分层问题-图像协同注意力模型中的并行协同注意力

首先，给定特征图 $\boldsymbol{V} \in R^{d \times N}$ 和对应的问题 $\boldsymbol{Q} \in R^{d \times T}$，相似度矩阵 $\boldsymbol{C} \in R^{T \times N}$ 计算为

$$\boldsymbol{C} = \tanh(\boldsymbol{Q}^\top \boldsymbol{W}_b \boldsymbol{V}), \tag{4-23}$$

式中，$\boldsymbol{W}_b \in R^{d \times d}$ 表示包含的权重。使用 $\boldsymbol{C}$，同时计算图像每个位置的注意力分数 $\boldsymbol{a}^v \in R^N$ 和问题的每个位置的注意力分数 $\boldsymbol{a}^q \in R^T$：

$$
\begin{aligned}
\boldsymbol{H}^v &= \tanh(\boldsymbol{W}_v \boldsymbol{V} + (\boldsymbol{W}_q \boldsymbol{Q})\boldsymbol{C}), \\
\boldsymbol{H}^q &= \tanh(\boldsymbol{W}_q \boldsymbol{Q} + (\boldsymbol{W}_v \boldsymbol{V})\boldsymbol{C}^\top), \\
\boldsymbol{a}^v &= \mathrm{softmax}(\boldsymbol{w}_{hv}^\top \boldsymbol{H}^v), \\
\boldsymbol{a}^q &= \mathrm{softmax}(\boldsymbol{w}_{hq}^\top \boldsymbol{H}^q),
\end{aligned}
\tag{4-24}
$$

式中，$\boldsymbol{W}.$ 和 $\boldsymbol{w}.$ 分别表示可学习的权重矩阵和向量。得到关注的图像特征 $\hat{\boldsymbol{v}}$ 和问题特征 $\hat{\boldsymbol{q}}$：

$$
\begin{aligned}
\hat{\boldsymbol{v}} &= \sum_{n=1}^{N} \boldsymbol{a}_n^v \boldsymbol{v}_n, \\
\hat{\boldsymbol{q}} &= \sum_{t=1}^{T} \boldsymbol{a}_t^q \boldsymbol{q}_t.
\end{aligned}
\tag{4-25}
$$

在交替协同注意力中，协同注意力以序列方式运行。具体来说，模型首先在问题特征的引导下生成被关注的图像特征，然后在被关注的图像特征的引导下关注问题特征。

这两种协同注意力机制都是在分层结构中实现的，它生成了分层的被关注的特征 $\hat{v}^r$ 和 $\hat{q}^r$，其中 $r \in \{w, p, s\}$。

3. 性能和局限性

分层问题-图像协同注意力（HieCoAtt）方法在 VQA-v1 测试标准数据集上的开放式问题和多项选择题的总体得分分别为 62.1% 和 66.1%，在性能上超越了其他最先进的方法，至少提高了 1.7%。定性结果表明，协同注意力中的分层结构能够很好地从每个分层捕获互补信息，这有助于理解问题和图像。然而，并行的协同注意力更难训练，而交替的协同注意力可能会受到累积误差的影响。

4.5.3　自底向上和自顶向下的注意力

1. 动机

注意力机制已广泛应用于视觉问答任务并被证明是有效的。这些基于注意力的方法通常以自顶向下和特定任务的方式运行，从而在问题的指导下计算图像的每个网格区域的加权注意力分数，平等地对待所有的网格区域。这个框架类似于人类视觉系统，人类根据任务上下文将注意力集中在特定区域，例如搜索某物。除了自顶向下的注意力，人类视觉系统中还存在一种自底向上的注意力机制。具体来说，人类会自动被显著的物体或场景吸引。图像中的显著区域比网格区域更具表现力，因此必须集中关注。因此，Anderson 等人 [17] 为视觉问答任务提出了一种自底向上和自顶向下（Bottom-Up and Top-Down，BUTD）相结合的注意力模型。在这个框架中，自底向上的注意力是通过检测显著区域来实现的，自顶向下的注意力是通过问题上下文计算区域的注意力分数实现的。

2. 方法

如图 4-7 所示，给定图像 I，BUTD 首先使用 Faster R-CNN 提出前 K 个显著区域。这 K 个显著区域通过 ResNet-101 网络生成图像特征 $V = \{v_1, \cdots, v_K\}$，其中 v_i 是一个 2048 维的特征向量，它表示视觉特征每个显著区域。K 可以是固定值 $K = 36$ 或 $K = 1 \sim 100$ 的自适应值。Faster R-CNN 和 ResNet-101 都在 ImageNet 数据集上进行了预训练，并在 Visual Genome 数据集上进行了微调。此外，BUTD 涉及 Faster R-CNN 的额外输出，它用于预测检测到的区域的属性以提高性能。

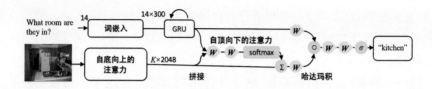

图 4-7 视觉问答自底向上和自顶向下的注意力

使用自底向上的注意力机制和生成的图像特征 V，BUTD 在给定问题的引导下实现自顶向下的加权注意力。该问题首先被剪裁为最多 14 个词的固定长度，并嵌入由 GloVe 初始化的维度为 14×300 的向量中。随后，使用 GRU 网络提取问题表示 q，这是 GRU 网络的最后一个隐藏状态，维度为 512。每个提出的区域的视觉特征 v_i 都会与 q 连接并传递给带有 softmax 的非线性层 f_a，以便计算注意力分数：

$$a_i = w_a f_a([v_i, q]),\qquad(4\text{-}26)$$

$$\boldsymbol{\alpha} = \mathrm{softmax}(\boldsymbol{a}),\qquad(4\text{-}27)$$

式中，$[\cdot]$ 表示连接；w_a 是可学习的权重。使用每个显著区域上的加权注意力分数，生成的图像特征 $\hat{v}$ 如下：

$$\hat{v} = \sum_{i=1}^{K} \boldsymbol{\alpha}_i v_i.\qquad(4\text{-}28)$$

通过问题表示 q 和关注的图像特征 $\hat{v}$，图像和问题的联合嵌入 h 如下：

$$h = f_q(q) \circ f_v(\hat{v}),\qquad(4\text{-}29)$$

式中，$\circ$ 代表哈达玛积。随后，计算每个候选答案的分类分数 $\hat{s}$：

$$\hat{s} = \sigma(W_o f_o(h)),\qquad(4\text{-}30)$$

式中，σ 表示激活函数；W_o 表示可学习的权重矩阵。

3. 性能和局限性

自底向上和自顶向下的注意力方法在 VQA-v2 测试标准数据集上使用 30 个集成模型获得了 70.34% 的总体得分，并在 2017 年视觉问答挑战赛中排名第一，在所有问题类型上均以很大的优势胜过其他最先进的方法。此外，该框架自实现以来一直是视觉问答研究中使用最广泛的基线方法。然而，Faster R-CNN 对象检测器的容量会影响视觉问答模型的性能，增加容量有助于提取更具表现力的检测特征。

4.6 记忆网络

记忆网络（Memory Networks）被认为是自然语言处理中问答任务的有效工具，它可以通过先前的交互来探索细粒度特征。因此，在视觉问答任务中使用这些记忆网络是很自然的想法。本节将描述两种用于视觉问答任务的经典记忆网络：改进的动态记忆网络（Improved Dynamic Memory Network，DMN+）和记忆增强网络（Memory-Augmented Network，MAN）。

4.6.1　改进的动态记忆网络

1. 动机

现有的动态记忆网络（Dynamic Memory Network，DMN）的研究工作已经证明了它们在完成自然语言处理任务，特别是问答任务方面的巨大潜力。然而，这种方法需要额外的标记来支持事实，并且很难应用于其他模式。因此，Xiong 等人[36] 针对视觉问答任务提出了改进的动态记忆网络，该网络可以直接管理图像数据。

2. 方法

动态记忆网络用于问答任务，包括四个主要模块：输入模块，用于处理输入文本数据作为事实 F；问题模块，用于将问题嵌入特征向量 q；情景记忆模块，用于从事实 F 中检索所需信息；答案预测模块，用于预测答案。为了使动态记忆网络适应视觉问答任务，改进的动态记忆网络修改了输入模块和情景记忆模块。

如图 4-8 所示，在输入模块中，改进的动态记忆网络使用一个 VGG 网络提取 196 个 512 维的局部区域特征，并使用一个线性网络将这些特征向量投射到与问题特征向量 q 相同的空间中。随后，这些局部特征向量通过双向门控循环单元网络传递，生成全局感知特征向量，也被称为"事实" $\overleftrightarrow{F} = [\overleftrightarrow{f_1}, \cdots, \overleftrightarrow{f_N}]$，作为情景记忆模块的输入。

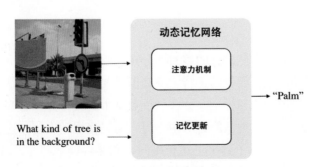

图 4-8　改进的动态记忆网络

情景记忆模块从事实中检索回答问题需要的信息。具体来说，该模块包括一个选择相关事实的注意力机制，它允许事实、问题和先前记忆状态进行交互。该模块也有一个记忆更新机制，通过当前状态和检索到的事实之间的交互生成新的记忆表示。注意力机制采用基于注意力的门控循环单元，生成上下文向量 c^t，用于更新情景记忆状态 m^t。

$$z_i^t = [\overleftrightarrow{f_i} \circ q; \overleftrightarrow{f_i} \circ m^{t-1}; |\overleftrightarrow{f_i} - q|; |\overleftrightarrow{f_i} - m^{t-1}|], \tag{4-31}$$

$$Z_i^t = W^{(2)} \tanh\left(W^{(1)} z_i^t + b^{(1)}\right) + b^{(2)}, \tag{4-32}$$

$$g_i^t = \frac{\exp(Z_i^t)}{\sum_{k=1}^{M_i} \exp(Z_k^t)}, \tag{4-33}$$

$$h_i = g_i^t \circ \tilde{h}_i + (1 - g_i^t) \circ h_{i-1}, \tag{4-34}$$

式中，$\overleftrightarrow{f_i}$ 表示第 i 个事实；q 表示问题向量；m^{t-1} 表示先前的情景记忆状态；h 表示 GRU 网络的隐藏状态；$\circ$ 表示元素乘积；$|\cdot|$ 表示元素绝对值函数；$[;]$ 表示拼接。上下文向量 c^t 是门控循环单元的最后一个隐藏状态，内存更新由一个 ReLU 层实现：

$$m^t = \text{ReLU}\left(W^t[m^{t-1}; c^t; q] + b\right). \tag{4-35}$$

答案模块利用记忆网络的最终状态和问题向量预测单个单词或多个单词句子的输出。

3. 性能和局限性

改进的动态记忆网络在 VQA-v1 测试标准数据集上的总体得分达到 60.4%，以至少 1.5% 的边际优势优于其他最先进的方法。对于所有类型的问题，改进的动态记忆网络都达到了最先进的性能。对于其他问题，边际最高优势高达 1.8%。但是，改进的动态记忆网络无法有效解决大量的问题。

4.6.2　记忆增强网络

1. 动机

视觉问答数据集中自然语言问答对的分布通常是长尾的，视觉问答模型倾向于响应大多数训练数据，而忽略了特定稀缺但重要的样本。一种常见的做法是将问题中的罕见词标记为未知标记，并在训练数据中直接排除稀有答案。此外，视觉问答模型也倾向于简单地从问答对中学习，而忽略视觉内容，这被称为视觉问答中的语言偏差问题。为了解决上述长尾问题和语言偏差问题，Ma 等人[37] 受到记忆增强神经网络和协同注意力机制的启发，提出了记忆增强网络（Memory-

Augmented Network，MAN），如图 4-9 所示。

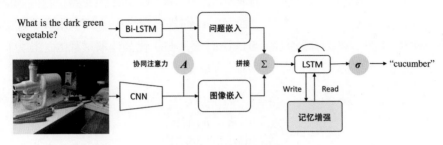

图 4-9　记忆增强网络

2. 方法

记忆增强网络利用协同注意力机制，将图像和问题特征与后续的记忆增强网络联合嵌入，以记住训练数据中稀缺的样本。记忆增强网络中的记忆增强模块包含 LSTM 内部的记忆和由 LSTM 控制的外部记忆，该框架与动态记忆网络有很大的不同。

对于图像输入，记忆增强网络利用预训练的 VGGNet-16 和 ResNet-101 提取具有空间布局信息的图像特征 $\{v_n\}$，这些信息特征来自最后一个池化层的输出，对应于 14×14 空间分布区域。对于问题输入，嵌入的词标记 $\boldsymbol{w}_t$ 被输入双向 LSTM 以生成固定长度的序列词向量作为问题特征 $\{q_t\}$：

$$\boldsymbol{h}_t^+ = \text{LSTM}(\boldsymbol{w}_t, \boldsymbol{h}_{t-1}^+), \tag{4-36}$$

$$\boldsymbol{h}_t^- = \text{LSTM}(\boldsymbol{w}_t, \boldsymbol{h}_{t+1}^-), \tag{4-37}$$

$$\boldsymbol{q}_t = [\boldsymbol{h}_t^+, \boldsymbol{h}_t^-], \tag{4-38}$$

式中，$\boldsymbol{h}_t^+$ 和 $\boldsymbol{h}_t^-$ 分别表示前向 LSTM、后向 LSTM 在时间步长 t 时的隐藏状态；$[\cdot]$ 表示"拼接"。

随后，针对图像特征和问题特征，利用序列化协同注意力机制，根据其他模态关注每个模态中最相关的特征。首先，将 $\{v_n\}$ 和 $\{q_t\}$ 分别求和并平均为特征向量 $\boldsymbol{v}_0$ 和 $\boldsymbol{q}_0$。此外，在 $\boldsymbol{v}_0$ 和 $\boldsymbol{q}_0$ 上进行逐元素乘积，以生成联合基向量 $\boldsymbol{m}_0$。使用视觉特征向量 $\boldsymbol{v}_n$ 和 $\boldsymbol{m}_0$，计算可微分注意力权重 α_n，并使用具有 softmax 层的两层神经网络生成注意力的视觉特征向量 $\boldsymbol{v}^*$。类似地，使用问题特征向量 $\boldsymbol{a}_t$ 和 $\boldsymbol{m}_0$，计算可微分注意力权重 α_t，并生成注意力的视觉特征向量 $\boldsymbol{q}^*$。最后，将 $\boldsymbol{v}^*$ 和 $\boldsymbol{q}^*$ 连接起来，将共同关注的图像特征和问题特征表示为 $\boldsymbol{x}_t = [\boldsymbol{v}_t^*, \boldsymbol{q}_t^*]$。

考虑到连接的注意力视觉特征和问题特征 $\boldsymbol{x}_t$，记忆增强网络采用记忆增强的神经网络来增强训练过程中稀缺训练数据的效果。记忆增强的神经网络使用

LSTM 控制器，该控制器由接收输入数据的内部记忆和外部记忆 M_t 组成，从而读取和写入外部信息。首先将特征向量 x_t 传递给 LSTM 控制器，得到隐藏状态 h_t，这被认为是对 M_t 的查询。随后，h_t 与外部记忆中的每个元素 M_t 之间的余弦距离 $D(h_t, M_t(i))$，通过 softmax 计算并归一化为读取过程的注意力权重 $w_t^r(i)$。使用这些读取权重，生成关注的读取记忆 r_t：

$$h_t = \text{LSTM}(x_t, h_{t-1}), \tag{4-39}$$

$$D(h_t, M_t(i)) = \frac{h_t \cdot M_t(i)}{\|h_t\| \|M_t(i)\|}, \tag{4-40}$$

$$w_t^r(i) = \text{softmax}\big(D(h_t, M_t(i)), \tag{4-41}$$

$$r_t = \sum_i w_t^r(i) M_i. \tag{4-42}$$

最后，将 r_t 与 h_t 连接，生成最终的特征向量 o_t，作为答案分类器的输入。具体来说，答案分类器由一个具有 softmax 功能的单层感知器组成：

$$h_t = \tanh(b W_o o_t), \tag{4-43}$$

$$p_t = \text{softmax}(W_h h_t). \tag{4-44}$$

3. 性能和局限性

在 VQA-v1 和 VQA-v2 测试数据集上，记忆增强网络方法与最先进的多模态紧凑双线性方法相比，取得了具有竞争力的性能。在 VQA-v1 数据集上，记忆增强网络在多项选择题上的表现略有提高，而在开放式问题上的表现略有下降。与只利用循环神经网络的内部记忆而不是增强的外部记忆的改进的动态记忆网络相比，记忆增强网络表现出更高的性能，差距大约为 3.5%。在 VQA-v2 测试集上，记忆增强网络的性能比多模态紧凑双线性方法略微下降了约 0.2%。

4.7 组合推理

视觉问答模型需要实现复杂的推理，这对于单一的整体模型来说难以管理。

模块化方法正在成为视觉问答任务中用于组合推理的有效工具，它连接了为不同功能设计的不同模块。具体来说，模块化网络将一个问题分解为多个组件，并组合不同的网络预测答案，一个潜在的优势在于更好地利用监督信息。一方面，它有助于迁移学习，因为同一个模块可以在不同的整体结构和任务中使用和训练。另一方面，它允许使用"深度监督学习"，即优化依赖于内部模块输出的目标。需要注意的是，模型存储库中讨论的其他模型也属于模块化结构的范畴。本节主要讨论两种组合推理模型，即神经模块网络和动态神经模块网络。

4.7.1　神经模块网络

1. 动机

在视觉问答任务中，问题往往很复杂，需要多个处理步骤来确定正确的答案。例如，在回答简单问题"狗是什么颜色的？"时，视觉问答模型必须首先找到狗，然后识别狗的颜色。然而，即使使用先进的深度学习方法，一个单一的最优网络也很难处理所有的子任务。因此，Andreas 等人[15] 提出了神经模块网络（Neural Module Network，NMN），该网络利用复合模块网络将问题分解为多步骤的过程，以预测最终答案，如图 4-10 所示。

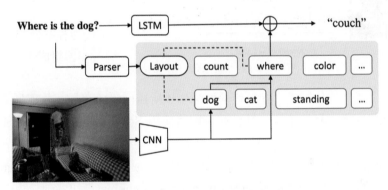

图 4-10　视觉问答的神经模块网络

2. 方法

神经模块网络由一组模块化网络（模块）组成，这些模块由一个网络布局预测器组合而成。特别是对于视觉问答任务，神经模块网络添加了一个 LSTM 问题编码器，提供底层的语法和语义知识。

神经模块网络包括五个模块：Find 模块、Transform 模块、Combine 模块、Describe 模块和 Measure 模块。这五个模块用于处理三种类型的数据：图像、非归一化注意力和标签。具体来说，如图 4-11 所示，Find 模块通过卷积层对输入图像的所有区域实现非归一化注意力，例如 find[green] 等。Transform 模块通过使用多层感知器将一种注意力细化为另一种注意力，它将输入注意力转移到其他需要的区域，例如 transform[above]。Combine 模块将两个注意力融合为一个注意力，例如，通过 combine[or]，它只使用带有 ReLU 的卷积层激活两个注意力的交叉区域。Describe 模块将给定的图像和注意力作为输入，并预测标签上除了是/否问题的分布问题，例如 describe[color]。Measure 模块类似于 Describe 模块，但它仅预测是/否问题的标签分布，例如 measure[be]。值得注意的是，这些模块是在组合的模型中一起训练的，而不是单独训练的。

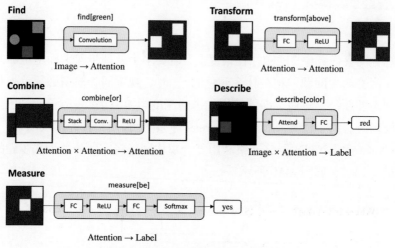

图 4-11　神经模块网络的模块组

使用上述模块化网络，神经模块网络生成所需网络的布局，并根据给定的问题组合这些网络。具体来说，神经模块网络使用 Stanford parser [38] 生成过滤后的依赖关系表示。例如，"猫是什么颜色的？"这个问题被转换为 color(cat)。随后，使用依赖关系表示，按照如下规则生成布局：通过 Find 模块实现以图像为输入的叶子节点；中间节点由 Transform 模块或 Combine 模块实现；根节点计算最终输出并由描述模块或测量模块实现。布局生成后，问题"猫是什么颜色的？"被转换为 describe[color] (find[cat])。

最后，组合模块化网络的根节点表示与 LSTM 问题编码器的最后隐藏状态相加，以使用全连接层和 softmax 预测最终答案。

3. 性能和局限性

神经模块网络方法在 VQA-v1 测试开发数据集上获得了 58.0% 的总体得分，优于其他最先进的方法。神经模块网络在以对象、属性或数字为答案的问题上表现得尤为出色。然而，使用更好的解析器或联合学习有助于减少解析器错误，从而提高视觉问答任务的性能。

4.7.2　动态神经模块网络

1. 动机

现有的神经模块网络框架使用手动指定的模块化结构，这是由问题的句法处理来选择的。这些手写规则确定性地将依赖树转换为布局，限制了模型生成复杂结构的能力，不允许每个问题的网络结构有较大的变化。为了解决需要更强大的泛化能力、更结构化语义表示的问题，Andreaset 等人[39] 提出了动态神经模块网络（Dynamic Neural Module Network，D-NMN），它扩展了神经模块网络，将视觉问答任务分解为一系列模块化子问题的机制。动态神经模块网络可以通过结构预测器从生成的候选对象中自动学习模块布局。此外，动态神经模块网络除了可以对图像等非结构化信息进行推理，还可以对知识库等结构化信息进行推理。

2. 方法

动态神经模块网络由两部分组成：一个是布局模型，它根据给定的问题自动选择模块布局；另一个是执行模型，它根据布局和全局表示（图像或知识库）预测答案。给定问题 x、单词表示 w 和模型参数 θ 的集合，这两个模型分别计算两个分布 $p(z|x;\theta_l)$ 和 $p_z(y|w;\theta_e)$，其中 z 表示网络布局，y 表示答案。动态神经模块网络首先使用一个固定的语法解析器（Standfords Parser）生成一小部分候选布局，类似于在神经模块网络中构建模块布局的过程。有了这些候选布局，动态神经模块网络就会使用带有多层感知器（Multilayer Perceptron，MLP）的神经网络来对候选布局进行排序。具体来说，问题 q 的 LSTM 编码表示 $h_q(x)$ 和布局 z_i 的特征向量表示 $f_z(i)$ 被传递给多层感知器神经网络，得到布局 z_i 的分数 $s(z_i|x)$：

$$s(z_i|x) = a^\top \sigma(Bh_q(x) + Cf(z_i) + d), \tag{4-45}$$

式中，a, B, C, d 是可学习的参数。使用 softmax 对分数进行归一化，得到用于选择最佳的模块布局分布 $p(z_i|x, \theta_l)$：

$$p(z_i|x;\theta_l) = \frac{e^{s(z_i|x)}}{\sum_{j=1}^{n} e^{s(z_j|x)}}. \tag{4-46}$$

当选择模块布局 z 时，执行模型将相应的模块与世界表示组合成一个完整的神经网络。随后，根据在组合模块之间流动的中间结果，得到答案分布 $p_z(y|w, \theta_e)$。

如图 4-12 所示为动态神经模块网络布局的生成过程，输入句子（a）被表示为依赖解析（b），然后这个依赖解析的片段与适当的模块（d）相关联，最后这些片段被组合为完整的布局（d）。动态神经模块网络使用了以下模块：一个管理专有名词并在输入特征图上产生一个独热注意力（One-hot attention）的 Lookup 模块；一个 Find 模块，用动词管理普通名词，并在输入特征图的每个位置产生一个注意力；一个 Relate 模块，用于处理介词短语并产生从一个区域到另一个区域的注意力；一个 And 模块，它产生注意力的交集并连接布局片段；一个 Describe 模块，它根据输入的注意力来预测答案；一个 Exist 模块，根据输入注意力预测已存在的答案。此外，相同的模块对于不同的实例共享相同的参数。

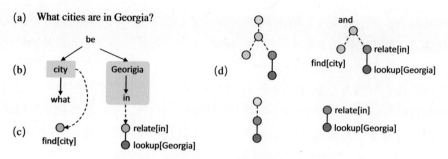

图 4-12　动态神经模块网络布局的生成过程

此外，动态神经模块网络利用策略梯度方法将 z 的不可微选择转化为可微过程。因此，布局模型和执行模型可以联合训练，其中可以同时学习布局预测器和模块的参数。

3. 性能和局限性

动态神经模块网络方法在 VQA-v1 测试标准数据集上的总体得分为 58.0%，具有较高的可解释性。但是，动态神经模块网络必须仔细设计子模块。这些预定义的模块不能扩展到不同的数据集。因此，神经模块网络的可行性仍然是一个挑战。

4.8　图神经网络

现有的基于卷积神经网络的视觉问答方法不能有效地建模给定图像中显著对象之间的关系。此外，这些方法对模型的性能缺乏足够的可解释性。图学习方法可以有效地解决上述两个问题。因此，在视觉问答任务中，使用图神经网络是很自然的选择。本节将详细介绍针对视觉问答的图卷积网络和图注意力网络。

4.8.1　图卷积网络

1. 动机

大量真实世界的数据可以表示为一个图，这是一种使用节点和边来表示对象及其关系的数据结构，如社交网络、交通网络和知识库。卷积神经网络应用于非结构化数据和欧几里得数据（如图像和文本）时，不能有效地处理图的结构和非欧几里得数据。如图 4-13 所示，图像数据和图数据存在显著差异。为了很好地处理图数据，Kipf 和 Welling [40] 提出了图卷积网络，该网络可以自动地从对象（节点）及其关系（边）中学习特征。图卷积网络具有良好的性能和可解释性，被广泛应用于解决与图相关的问题。

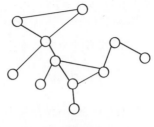

图像数据　　　　　　　　　　　图数据

图 4-13　图像数据和图数据的区别

2. 方法

如图 4-14 所示，神经网络中第 l 层的传播公式如下：

$$H^{l+1} = f\left(H^l, W^l\right),\tag{4-47}$$

式中，H^l 表示第 l 层的特征；$f(\cdot)$ 表示传播函数；W^l 表示第 l 层的一个可学习的权值矩阵。例如，卷积神经网络中的一个简单的传播函数可以写成

$$f\left(H^l, W^l\right) = \sigma\left(H^l W^l\right),\tag{4-48}$$

式中，$\sigma(\cdot)$ 表示非线性激活函数，如 ReLU，为了简化，省略了偏置项。

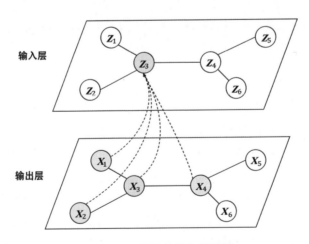

图 4-14　图卷积网络的传播

与卷积神经网络相比，图卷积网络对图进行操作，并且传播涉及结构信息。具体而言，图定义如下：$\mathcal{G} = (\mathcal{V}, \mathcal{E})$，其中 $\mathcal{V}$ 表示对象的节点集，$\mathcal{E}$ 表示对象之间关系的边集。图卷积网络以两个矩阵作为输入：一个节点特征矩阵 $X \in \mathbb{R}^{N \times F}$，其中 N 表示节点的数量，F 表示每个节点的输入特征维度，以及一个邻接矩阵

A，如果节点 i 和 j 是连接的，其元素 A_{ij} 表示为 1（已连接）。图卷积网络的目标是输出一个变换后的特征矩阵 $Z \in \mathbb{R}^{N \times F'}$，其中 F' 是每个节点的输出特征维度。因此，图卷积网络的简单传播函数可以表示为

$$f\left(H^l, W^l\right) = f\left(H^l, A\right) = \sigma\left(A H^l W^l\right), \tag{4-49}$$

与 $H^0 = X$ 和 $H^L = Z$ 一起，其中 L 是图卷积网络中的层数。

然而，将节点 H^l 的特征与邻接矩阵 A 相乘的传播函数有两个缺点：第一，对于图中的每个节点 i，该函数考虑了所有相邻节点的特征，但忽略了自身的特征；第二，度数高的节点在其变换特征中具有较大的值，这可能导致梯度消失或梯度爆炸以及模型对数据规模的高敏感性。

为了解决这两个问题，图卷积网络首先将单位矩阵 I 加入 A 中，如：

$$\hat{A} = A + I. \tag{4-50}$$

其次，受矩阵归一化的常见做法的启发，特别是矩阵与对角矩阵相乘，图卷积网络使用 $\hat{A}$ 的度矩阵 $\hat{D}$ 以对称的方式对 $\hat{A}$ 进行归一化：

$$\tilde{A} = \hat{D}^{-\frac{1}{2}} \hat{A} \hat{D}^{-\frac{1}{2}}. \tag{4-51}$$

最后，在图卷积网络中的最终传播可以表述如下：

$$f\left(H^l, A\right) = \sigma\left(\tilde{A} H^l W^l\right) = \sigma\left(\hat{D}^{-\frac{1}{2}} \hat{A} \hat{D}^{-\frac{1}{2}} H^l W^l\right). \tag{4-52}$$

4.8.2　图注意力网络

1. 动机

尽管图卷积网络在图结构数据上表现出了很好的性能，但图卷积网络是结构依赖的且可转换的。换句话说，在一个图上训练的图卷积网络很难推广到具有不同结构的另一个图上。注意力机制可以通过为不同的相邻节点指定不同的重要性分数来有效地解决这个问题，不用像图卷积网络一样平等地对待所有的相邻节点。因此，Velickovic 等人[41]提出了图注意力网络（Graph Attention Network，GAT）来管理图结构数据，它结合了自注意力机制，无须预先知道图的结构，并且可以轻松地转移到其他结构的图上。换句话说，图注意力网络是与结构无关的且具有归纳性的网络。

2. 方法

图注意力网络以 $\mathbb{R}^F$ 中的一组节点特征 $h = \{h_1, h_2, \ldots, h_N\}, h_i \in \mathbb{R}^F$ 作为输入，目的是在 $\mathbb{R}^{F'}$ 中生成一组新的转换后的节点特征 $h' = \{h'_1, h'_2, \cdots, h'_N\}$，

$h_i' \in \mathbb{R}^{F'}$，其中 N 为节点数，F 和 F' 分别为输入节点和输出节点的维数。

如图 4-15 所示，图注意力网络首先使用 $\boldsymbol{W} \in \mathbb{R}^{F' \times F}$ 中的线性变换矩阵 $\boldsymbol{W}\boldsymbol{h}_i$ 将每个输入节点特征向量 $\boldsymbol{h}_i$ 转换为更高层次、更有表现力的特征向量 $\boldsymbol{W}\boldsymbol{h}_i$。对于每个节点 i，通过计算与节点 i 连接的每个相邻节点 j（包括节点 i 本身）之间的加性自注意力，计算一对注意力系数：

$$e_{ij} = \mathrm{LeakyReLU}\left(\boldsymbol{a}^\top \left[\boldsymbol{W}\boldsymbol{h}_i \,\|\, \boldsymbol{W}\boldsymbol{h}_j\right]\right), \tag{4-53}$$

式中，$\boldsymbol{a}$ 是一个可学习的权重向量；$\cdot^\top$ 表示转置过程；$\|$ 表示连接过程。

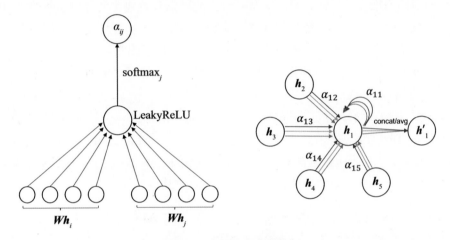

图 4-15　图注意力网络

接下来，使用 softmax 函数对注意力系数进行归一化：

$$\alpha_{ij} = \frac{\exp\left(\mathrm{LeakyReLU}\left(\boldsymbol{a}^\top [\boldsymbol{W}\boldsymbol{h}_i \| \boldsymbol{W}\boldsymbol{h}_j]\right)\right)}{\sum_{k \in \mathcal{N}_i} \exp\left(\mathrm{LeakyReLU}\left(\boldsymbol{a}^\top [\boldsymbol{W}\boldsymbol{h}_i \| \boldsymbol{W}\boldsymbol{h}_k]\right)\right)}, \tag{4-54}$$

式中，$\mathcal{N}_i$ 表示节点 i 的相邻节点的集合。

通过归一化注意力系数，每个节点的最终特征传播可表示为

$$h_i' = \sigma\left(\sum_{j \in \mathcal{N}_i} \alpha_{ij} \boldsymbol{W}\boldsymbol{h}_j\right). \tag{4-55}$$

此外，为了提高学习能力和稳定性，图注意力网络使用了多头注意力机制（multihead attention）。具体而言，在图注意力网络的中间层中，使用 K 头独立注意力机制，并将其对应的转换特征串联为

$$h_i' = \|_{k=1}^{K} \sigma\left(\sum_{j \in \mathcal{N}_i} \alpha_{ij}^k \boldsymbol{W}^k \boldsymbol{h}_j\right). \tag{4-56}$$

在图注意力网络的最后一层中，使用了平均操作而不是串联操作：

$$\boldsymbol{h}_i' = \sigma \left(\frac{1}{K} \sum_{k=1}^{K} \sum_{j \in \mathcal{N}_i} \alpha_{ij}^k \boldsymbol{W}^k \boldsymbol{h}_j \right). \tag{4-57}$$

4.8.3 视觉问答图卷积网络

1. 动机

视觉问答任务通常需要在给定问题的条件下，对图像中的对象及其关系进行复杂的多模态推理。然而，只有少数几种方法可以有效地建模对象之间的空间和语义关系。此外，大多数视觉问答模型缺乏可解释性，这在深度学习模型中很常见。为了解决这些问题，Norcliff-brown 等人[42] 提出了图学习（Graph Learner），这是一种可解释的图卷积网络，可以为视觉问答任务学习对象的复杂关系。

2. 方法

如图 4-16 所示，给定问题嵌入（Question Embedding）$\boldsymbol{q}$ 和检测到的对象特征 $\boldsymbol{v}_n$，图学习方法旨在生成一个无向图 $\mathcal{G} = \{\mathcal{V}, \mathcal{E}, \boldsymbol{A}\}$，其中 $\mathcal{V}$ 表示被检测对象的节点集合，$\mathcal{E}$ 表示被检测对象之间关系的边的集合，$\boldsymbol{A}$ 表示相应的邻接矩阵。具体来说，图学习方法学习邻接矩阵 $\boldsymbol{A}$ 并用它来构造边集 $\mathcal{E}$ 及对应的关系。

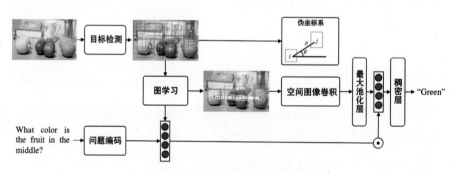

图 4-16 视觉问答图学习的图卷积网络

问题嵌入 $\boldsymbol{q}$ 首先连接到 N 个已检测到的对象特征 $\boldsymbol{v}_n$。随后，通过非线性函数 F 得到问题特征和图像特征的联合嵌入，如下：

$$\boldsymbol{e}_n = F([\boldsymbol{v}_n \| \boldsymbol{q}]), \quad n = 1, 2, \cdots, N, \tag{4-58}$$

式中，$\|$ 表示串联。然后，将所有的联合嵌入向量 $\boldsymbol{e}_n$ 串联成一个联合嵌入矩阵 $\boldsymbol{E}$，并定义邻接矩阵 $\boldsymbol{A}$ 为

$$\boldsymbol{A} = \boldsymbol{E} \boldsymbol{E}^\top. \tag{4-59}$$

为了构造一个局部连接的邻接矩阵，其中的每个节点仅与最相关的相邻节点相连，通过对矩阵 $\boldsymbol{E}$ 中的每个元素进行排序，以确定是否选择：

$$N(i) = \text{top } m(\boldsymbol{a}_i), \tag{4-60}$$

式中，$\text{top } m$ 函数返回输入向量中具有 m 个最大值的元素的索引；$\boldsymbol{a}_i$ 表示邻接矩阵的第 i 行。图学习方法使用图卷积神经网络来管理图像的图表示。为了捕获两个检测对象（节点 i，节点 j）之间的空间关系，使用以节点 i 为中心的成对伪坐标函数（pairwise pseudo-coordinate function），该函数返回一个节点 j 的坐标向量 $(\boldsymbol{\rho}, \boldsymbol{\theta})$，由方向 $\boldsymbol{\theta}$ 和距离 $\boldsymbol{\rho}$ 组成。对于每个节点 i，使用多个核 $\boldsymbol{w}_k$ 向邻近节点 $\mathcal{N}(i)$ 学习，并生成图卷积特征 $\boldsymbol{f}_k(i)$：

$$\boldsymbol{f}_k(i) = \sum_{j \in \mathcal{N}(i)} \boldsymbol{w}_k(\boldsymbol{u}(i,j))\boldsymbol{v}_j \alpha_{ij}, \quad k = 1, 2, \cdots, K \tag{4-61}$$

式中，α_{ij} 是邻接矩阵中每个选定元素的缩放权重。这些卷积特征后续将被串接为最终的图表示 $\boldsymbol{H}$，并将其传递给带有问题嵌入 $\boldsymbol{q}$ 的分类器：

$$\boldsymbol{h}_i = \|_{k=1}^{K} \boldsymbol{G}_k \boldsymbol{f}_k(i), \tag{4-62}$$

$$\boldsymbol{H} = \|_{i=1}^{N} \boldsymbol{h}_i, \tag{4-63}$$

式中，$\boldsymbol{G}_k$ 表示可学习的权重。

3. 性能和限制

图学习方法在 VQA-v2 测试数据集上获得了 66.18% 的总体得分，与最先进的方法相比具有一定的优势。定性结果表明，该模型具有较好的可解释性。然而，该模型所使用的简单图结构不能有效地管理图之间更复杂的关系，不过可以利用更复杂的体系结构来解决这一问题。此外，该模型的性能依赖于预训练的目标检测器，这方面还可以进一步增强。

4.8.4　视觉问答图注意力网络

1. 动机

为了更准确地回答视觉问答任务中的问题，视觉问答模型应能捕捉给定图像中对象之间的空间（位置）关系和语义（可操作）关系，而不仅仅是检测相关对象。因此，Li 等人[43] 提出了用于视觉问答任务的关系感知图注意力网络（Re-GAT），该网络将输入图像视为图，并使用图注意力机制捕捉检测到的对象之间的复杂关系。

2. 方法

如图 4-17 所示，ReGAT 使用了四个主要部件：图像编码器用 Faster R-CNN 生成检测对象的特征 $\mathcal{V} = \{v_i\}_{i=1}^K$；问题编码器用来通过具有自注意力机制的双向门控循环单元生成问题嵌入 q；关系编码器通过图注意力机制建立对象之间的显式关系和隐式关系；以及与答案预测器进行的多模态融合。

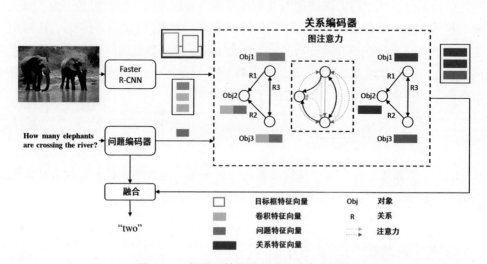

图 4-17　视觉问答的关系感知注意力网络

构建关系编码器的第一步是基于给定的图像和问题构造图。在 ReGAT 中构建了三个图：全连通图 $\mathcal{G}_{imp} = \{\mathcal{V}\Delta\mathcal{E}\}$ 用于对隐式关系进行建模，具有先验知识的修剪图 $\mathcal{G}_{spa}$ 和 $\mathcal{G}_{sem}$ 分别用于建模空间关系和语义关系。在这两个修剪图中，如果两个对象之间不存在显式关系，则修剪掉边。空间图和语义图的构建可以被视为一个分类任务，由预训练的关系分类器实现。具体来说，空间关系 $spa_{i,j}$ 表示为 <object$_i$-predicate-object$_j$>，例如 <kid-cover-sunglasses>，语义关系 $sem_{i,j}$ 表示为 <subject-predicate-object>，例如 <kid-wearing-sunglasses>。注意，空间图和语义图中的对象 i 和 j 之间的关系是不对称的。

在关系编码器中，使用了问题自适应的图注意力机制。该机制通过将问题嵌入 q 与 K 个视觉特征 v_i 连接起来，然后使用多头自注意力机制实现：

$$v_i' = [v_i \| q], \quad i = 1, \cdots, K, \tag{4-64}$$

$$v_i^\star = \|_{m=1}^M \sigma\left(\sum_{j \in \mathcal{N}_i} \alpha_{ij}^m \cdot \boldsymbol{W}^m v_j'\right), \tag{4-65}$$

式中，M 是注意力头的数量，注意力分数 α_{ij} 因隐式关系和显式关系而异。具体

来说，对于隐式关系，注意力分数定义为

$$\alpha_{ij} = \frac{\alpha_{ij}^b \cdot \exp(\alpha_{ij}^v)}{\sum_{j=1}^K \alpha_{ij}^b \cdot \exp(\alpha_{ij}^v)}, \tag{4-66}$$

式中，α_{ij}^v 和 α_{ij}^b 分别表示对象的视觉特征和边界框的相对几何特征之间的相似度。对于显式关系，即空间关系和语义关系，注意力分数定义为

$$\alpha_{ij} = \frac{\exp((\boldsymbol{U}\boldsymbol{v}_i')^\top \cdot \boldsymbol{V}_{\text{dir}(i,j)}\boldsymbol{v}_j' + b_{\text{lab}(i,j)})}{\sum_{j \in \mathcal{N}_i} \exp((\boldsymbol{U}\boldsymbol{v}_i')^\top \cdot \boldsymbol{V}_{\text{dir}(i,j)}\boldsymbol{v}_j' + b_{\text{lab}(i,j)})},$$

式中，$\boldsymbol{U}$ 和 $\boldsymbol{V}$ 表示投影矩阵；$\text{dir}(i,j)$ 和 $\text{lab}(i,j)$ 分别表示每条边的方向性和标签。

最后，将 $\boldsymbol{v}_i^\star$ 添加到 $\boldsymbol{v}_i$ 作为最终的关系感知视觉特征，它与问题嵌入 $\boldsymbol{q}$ 一起被传递到双层 MLP 的答案分类器中。每个关系编码器都是独立训练的，并且将每个答案分类器的预测答案分布集合起来进行推理。图注意力网络在 VQA-v1 数据集上与最先进的方法的表现进行比较，如表 4-2 所示。

表 4-2　图注意力网络在 VQA-v1 数据集上与最先进的方法的表现进行比较

方法	测试开发数据集				测试标准数据集			
	Y/N	Num.	Other	All	Y/N	Num.	Other	All
iBOWIMG [44]	76.6	35.0	42.6	55.7	76.8	35.0	42.6	55.9
DPPnet [45]	80.7	37.2	41.7	57.2	80.3	36.9	42.2	57.4
VQA team [6]	80.5	36.8	43.1	57.8	80.6	36.4	43.7	58.2
Neural-Image-QA [30]	78.4	36.4	46.3	58.4	78.2	36.3	46.3	58.4
D-NMN	80.5	43.1	37.4	57.9	—	—	—	58.0
SAN [16]	79.3	36.6	46.1	58.7	—	—	—	58.9
ACK [5]	81.0	38.4	45.2	59.2	81.1	37.1	45.8	59.4
NMN [15]	81.2	38.0	44.0	58.6	81.2	37.7	44.0	58.7
D-NMN [39]	81.1	38.6	45.5	59.4	—	—	—	59.4
DMN+ [36]	80.5	48.3	36.8	60.3	—	—	—	60.4
HieCoAtt [35]	79.7	38.7	51.7	61.8	—	—	—	62.1
MCB-ResNet [32]	82.5	37.6	55.6	64.7				
MAN [37]	81.5	39.0	54.0	63.8	81.7	37.6	54.7	64.1

3. 性能及限制

这种基于关系感知的图注意力网络方法在 VQA-v2 测试集上达到了 70.58%
的准确率，比最先进的方法表现更好。ReGAT 模型能与通用的视觉问答模型兼
容，并且可以轻松地与最先进的方法的视觉问答模型合并。随着 ReGAT 的引入，
一些最先进的方法的视觉问答模型在 VQA-v2 验证集上表现出显著的性能提升。
不管如何，在 VQA-v2 数据集上与最先进的方法的表现进行比较，如表 4-3 所示。

表 4-3　在 VQA-v2 数据集上与最先进的方法的表现进行比较

方法	测试开发数据集				测试标准数据集			
	Y/N	Num.	Other	All	Y/N	Num.	Other	All
MCB [32]	—	—	—	—	78.82	38.28	53.36	62.27
BUTD [17]	81.82	44.21	56.05	65.32	82.20	43.90	56.26	65.67
GCN-VQA [42]	—	—	—	—	82.91	47.13	56.22	66.18
MFH [46]	84.27	50.66	60.50	68.76	—	—	—	66.12
DCN [47]	83.51	46.61	57.26	66.87	—	—	—	66.97
Counter [48]	83.14	51.62	58.97	68.09	—	—	—	68.41
MulRel [49]	84.77	49.84	57.85	68.03	—	—	—	68.41
Pythia [50]	—	—	—	70.01	—	—	—	70.24
BAN [51]	85.42	54.04	60.52	70.04	—	—	—	70.35
DFAF [52]	86.09	53.32	60.49	70.22	—	—	—	70.34
ReGAT [43]	86.08	54.42	60.33	70.27	—	—	—	70.58

参考文献

[1] WANG B, XU Y, HAN Y, et al. Movie question answering: Remembering the textual cues for layered visual contents.// Thirty-Second AAAI Conference on Artificial Intelligence. Palo Alto, California USA: AAAI Press, 2018: 7380-7387.

[2] YU Z, XU D, YU J, et al. Activitynet-qa: A dataset for understanding complex web videos via question answering.//Proceedings of the AAAI Conference on Artificial Intelligence. Palo Alto, California USA: AAAI press, 2019, 33(01): 9127-9134.

[3] SINGH A, NATARAJAN V, SHAH M, et al. Towards vqa models that can read.// Proceedings of the IEEE Conference on Computer Vision and Pattern Recognition. Long Beach, CA, USA: IEEE, 2019: 8317-8326.

[4]　WANG P, WU Q, SHEN C, et al. Explicit knowledge-based reasoning for visual question answering.//SIERRA C. Proceedings of the 26th International Joint Conference on Artificial Intelligence (IJCAI'17). Palo Alto, California USA: AAAI Press, 2017: 1290-1296.

[5]　WU Q, WANG P, SHEN C, et al. Ask me anything: Free-form visual question answering based on knowledge from external sources.// Proceedings of the IEEE Conference on Computer Vision and Pattern Recognition. Las Vegas, NV, USA: IEEE, 2016: 4622-4630.

[6]　ANTOL S, AGRAWAL A, LU J, et al., 2015. VQA: visual question answering.//IEEE International Conference on Computer Vision (ICCV). Santiago, Chile:IEEE, 2016: 2425-2433.

[7]　ZHANG P, GOYAL Y, SUMMERS-STAY D, et al. Yin and yang: Balancing and answering binary visual questions.// Proceedings of the IEEE Conference on Computer Vision and Pattern Recognition. Las Vegas, NV, USA: IEEE, 2016: 5014-5022.

[8]　ZHU Y, GROTH O, BERNSTEIN M, et al. Visual7W: Grounded Question Answering in Images.// Proceedings of the IEEE Conference on Computer Vision and Pattern Recognition. Las Vegas, NV, USA: IEEE, 2016: 4995-5004.

[9]　GAO H, MAO J, ZHOU J, et al. Are you talking to a machine? dataset and methods for multilingual image question.//Advances in Neural Information Processing System. Red Hook, NY, USA: Curran Associates, Inc., 2015, 28: 2296-2304.

[10]　MALINOWSKI M, ROHRBACH M, FRITZ M. Ask your neurons: A neural-based approach to answering questions about images. NIPS'14: Proceedings of the 27th International Conference on Neural Information Processing Systems. Cambridge, MA, USA:MIT Press, 2014: 1682-1690.

[11]　MA L, LU Z, LI H. Learning to answer questions from image using convolutional neural network.// AAAI'16: Proceedings of the Thirtieth AAAI Conference on Artificial Intelligence. Palo Alto, California USA: AAAI Press, 2016: 3567-3573.

[12]　XU H, SAENKO K. Ask, attend and answer: Exploring question-guided spatial attention for visual question answering.// Proceedings of the European Conference on Computer Vision. Berlin, Heidelberg: Springer, 2016, 9911: 451-466.

[13]　CHEN K, WANG J, CHEN L, et al. ABC-CNN: an attention based convolutional neural network for visual question answering. arXiv pritnt arXiv:1511.05960, 2015.

[14]　JIANG A, WANG F, PORIKLI F, et al. Compositional memory for visual question answering. arXiv preprint arXiv:1511.05676v1, 2015.

[15]　ANDREAS J, ROHRBACH M, DARRELL T, et al. Neural module networks.// Proceedings of the IEEE Conference on Computer Vision and Pattern Recognition. Las Vegas, NV, USA:IEEE, 2016: 39-48.

[16]　YANG Z, HE X, GAO J, et al. Stacked attention networks for image question answering.// Proceedings of the IEEE Conference on Computer Vision and Pattern Recognition. Las Vegas, NV, USA: IEEE, 2016: 21-29.

[17] ANDERSON P, HE X, BUEHLER C, et al. Bottom-up and top-down attention for image captioning and visual question answering.//Proceedings of the IEEE Conference on Computer Vision and Pattern Recognition. Salt Lake City, UT, USA: IEEE, 2018: 6077-6086.

[18] XU K, BA J, KIROS R, et al. Show, attend and tell: Neural image caption generation with visual attention.// ICML'15: Proceedings of the 32nd International Conference on International Conference on Machine Learning. JMLR, 2015, 37: 2048-2057.

[19] VASWANI A, SHAZEER N, PARMAR N, et al. Attention is all you need. Advances in neural information processing systems. Red Hook, NY, USA: Curran Associates Inc., 2017: 6000-6010.

[20] MALINOWSKI M, FRITZ M. A multi-world approach to question answering about real-world scenes based on uncertain input.//NIPS'14: Proceedings of the 27th International Conference on Neural Information Processing Systems. Cambridge, MA, USA: MIT Press, 2014: 1682-1690.

[21] REN M, KIROS R, ZEMEL R S. Exploring models and data for image question answering.// Advances in Neural Information Processing Systems 28 (NIPS 2015). Red Hook, NY, USA: Curran Associates, Inc., 2015, 28: 2953-2961.

[22] GOYAL Y, KHOT T, SUMMERS-STAY D, et al. Making the V in VQA matter: Elevating the role of image understanding in visual question answering.//Proceedings of the IEEE Conference on Computer Vision and Pattern Recognition. Honolulu, HI, USA: IEEE, 2017: 6325-6334.

[23] KRISHNA R, ZHU Y, GROTH O, et al. Visual genome: Connecting language and vision using crowdsourced dense image annotations. Kluwer Academic Publishers, 2017, 123(1): 32-73.

[24] YU L, PARK E, BERG A C, et al. Visual madlibs: Fill in the blank description generation and question answering.//IEEE International Conference on Computer Vision. Santiago, Chile: IEEE, 2015: 2461-2469.

[25] LIN T, MAIRE M, BELONGIE S J, et al. Microsoft COCO: common objects in context.//Lecture Notes in Computer Science. Berlin, Heidelberg: Springer, 2014, 8693: 740-755.

[26] DONG J, LI X, SNOEK C G M. Predicting visual features from text for image and video caption retrieval. IEEE Transactions on Multimedia, 2018, 20,(12): 3377-3388.

[27] LI X, JIANG S. Know more say less: Image captioning based on scene graphs. IEEE Transactions on Multimedia, 2019, 21(8): 2117-2130.

[28] XU N, ZHANG H, LIU A, et al. Multi-level policy and reward-based deep reinforcement learning framework for image captioning. IEEE Transactions on Multimedia, 2020, 22(5): 1372-1383.

[29] YAO T, PAN Y, LI Y, et al. Hierarchy parsing for image captioning.//IEEE International Conference on Computer Vision. Seoul, Korea (South): IEEE, 2019: 2621-2629.

[30] MALINOWSKI M, ROHRBACH M, FRITZ M. Ask your neurons: A neural-based approach to answering questions about images. NIPS'14: Proceedings of the 27th International Conference on Neural Information Processing Systems. Cambridge, MA, USA:MIT Press, 2014: 1682-1690.

[31] GAO H, MAO J, ZHOU J, et al. Are you talking to a machine? dataset and methods for multilingual image question.//Advances in Neural Information Processing System. Red Hook, NY, USA: Curran Associates, Inc., 2015, 28: 2296-2304.

[32] FUKUI A, PARK D H, YANG D, et al. Multimodal compact bilinear pooling for visual question answering and visual grounding. Proceedings of the 2016 Conference on Empirical Methods in Natural Language Processing. Austin, Texas: Association for Computational Linguistics, 2016: 457-468.

[33] CHARIKAR M, CHEN K C, FARACH-COLTON M. Finding frequent items in data streams.//ICALP'02: Proceedings of the 29th International Colloquium on Automata, Languages and Programming. Berlin, Heidelberg: Springer, 2002: 693-703.

[34] KIM J, ON K W, LIM W, et al. Hadamard product for low-rank bilinear pooling.// ArXiv preprint arXiv:1610.04325, 2017.

[35] LU J, YANG J, BATRA D, et al. Hierarchical question-image co-attention for visual question answering.//NIPS'16: Proceedings of the 30th International Conference on Neural Information Processing Systems. Red Hook, NY, USA: Curran Associates Inc., 2016: 289-297.

[36] XIONG C, MERITY S, SOCHER R. Dynamic memory networks for visual and textual question answering.// ICML'16: Proceedings of the 33rd International Conference on International Conference on Machine Learning. JMLR, 2016, 48: 2397-2406.

[37] MA C, SHEN C, DICK A R, et al. Visual question answering with memory-augmented networks.//Proceedings of the IEEE Conference on Computer Vision and Pattern Recognition. Salt Lake City, UT, USA:IEEE, 2018: 6975-6984.

[38] DE MARNEFFE M, MANNING C D. The stanford typed dependencies representation.// San Diego, California, USA: Association for Computational Linguistics, 2008: 1-8.

[39] ANDREAS J, ROHRBACH M, DARRELL T, et al. Learning to compose neural networks for question answering.//Proceedings of the 2016 Conference of the North American Chapter of the Association for Computational Linguistics: Human Language Technologies. San Diego, California: Association for Computational Linguistics, 2016: 1545-1554.

[40] KIPF T N, WELLING M. Semi-supervised classification with graph convolutional networks.//ArXiv preprint arXiv:1609.02907, 2017.

[41] VELICKOVIC P, CUCURULL G, CASANOVA A, et al. Graph attention networks.// International Conference on Learning Representations, 2018.

[42] NORCLIFFE-BROWN W, VAFEIAS S, PARISOT S. Learning conditioned graph structures for interpretable visual question answering.// NIPS'18: Proceedings of the 32nd International Conference on Neural Information Processing Systems. Red Hook, NY, USA: Curran Associates Inc., 2018: 8344-8353.

[43] LI L, GAN Z, CHENG Y, et al. Relation-aware graph attention network for visual question answering.//IEEE International Conference on Computer Vision. Seoul, Korea (South): IEEE, 2019: 10312-10321.

[44] ZHOU B, TIAN Y, SUKHBAATAR S, et al. Simple baseline for visual question answering. arXiv preprint, 2015. arXiv:1512.02167.

[45] NOH H, SEO P H, HAN B. Image question answering using convolutional neural network with dynamic parameter prediction.//Proceedings of the IEEE Conference on Computer Vision and Pattern Recognition. Las Vegas, NV, USA: IEEE, 2016: 30-38.

[46] YU Z, YU J, XIANG C, et al. Beyond bilinear: Generalized multimodal factorized high-order pooling for visual question answering. IEEE Transactions on Neural Networks and Learning Systems, 2018, 29(12): 5947-5959.

[47] NGUYEN D, OKATANI T. Improved fusion of visual and language representations by dense symmetric co-attention for visual question answering.// Proceedings of the IEEE Conference on Computer Vision and Pattern Recognition. IEEE, 2018: 6087-6096.

[48] ZHANG Y, HARE J S, PRÜGEL-BENNETT A. Learning to count objects in natural images for visual question answering.//International Conference on Learning Representations. arXiv preprint, 2018. arXiv:1802.05766.

[49] CADÈNE R, BEN-YOUNES H, CORD M, et al. MUREL: multimodal relational reasoning for visual question answering.//Proceedings of the IEEE Conference on Computer Vision and Pattern Recognition. Long Beach, CA, USA: IEEE, 2019: 1989-1998.

[50] JIANG Y, NATARAJAN V, CHEN X, et al. Pythia v0.1: The winning entry to the VQA challenge 2018. arXiv preprint arXiv:1807.09956, 2018.

[51] KIM J, JUN J, ZHANG B. Bilinear attention networks.//BENGIO S, WALLACH H M, LAROCHELLE H, et al. International Conference on Neural Information Processing Systems. Red Hook, NY, USA: Curran Associates Inc., 2018: 1571-1581.

[52] GAO P, JIANG Z, YOU H, et al. Dynamic fusion with intra- and inter-modality attention flow for visual question answering.//Proceedings of the IEEE Conference on Computer Vision and Pattern Recognition. Long Beach, CA, USA: IEEE, 2019: 6639-6648.

第 5 章
CHAPTER 5

基于知识的视觉问答

视觉问答任务通常需要常识和真实信息，以及从特定任务中获得的信息。因此，人们提出了基于知识的视觉问答任务。本章首先介绍为基于知识的视觉问答和知识库（如 DBpedia 和 ConceptNet）所提出的主要数据集。随后，从知识嵌入（knowledge embedding）、问题-查询转换（question-to-query translation）、查询知识库的方法（querying knowledge base methods）三个方面对方法进行了分类。

5.1 简介

视觉问答任务旨在理解图像的内容并回答问题，通常需要事先提供的非视觉信息。在现实生活中，人类在回答问题时倾向于将视觉观察与外部知识结合起来。因此，模型必须引用图像本身不包含的信息，例如外部知识或常识。然而，现有的视觉问答模型无法从现有的数据集中获得外部知识。因此，基于知识的视觉问答被提出。基于知识的视觉问答需要视觉内容之外的外部知识来回答有关图像的问题，这对于实现通用的视觉问答是具有挑战性的，却是必不可少的。由于知识的结构化表示已经得到了广泛的研究，因此可以将外部知识称为知识库。许多研究者 [1-4] 都关注基于知识的视觉问答。本章将从数据集、知识库和方法三个方面探讨基于知识的视觉问答。数据集部分介绍四种主流数据集：KB-VQA、FVQA、OK-VQA 和 KRVQA。随后，我们回顾与基于知识的视觉问答相关的方法，这些方法可以分为知识嵌入（5.4 节）、问题-查询转换（5.5 节）和查询知识库的方法（5.6 节）。

5.2 数据集

许多数据集已被提出用于研究基于知识的视觉问答。在接下来的章节中，我们将介绍现有的基于知识的视觉问答数据集，以及创建此类数据集的特定方法，并对数据集进行比较如表 5-1 所示。

表 5-1　基于知识的视觉问答主要数据集及特点

数据集	图像数量/个	问题数量/个	类别数	问题平均长度	答案平均长度
KB-VQA [1]	700	2,402	23	6.8	2.0
FVQA [3]	2,190	5,826	32	9.5	1.2
OK-VQA [5]	14,031	14,055	10	8.1	1.3
KRVQA [6]	32,910	157,201	——	11.7	——

1. KB-VQA

KB-VQA 数据集 [1] 旨在评估视觉问答模型利用外部知识来对高等知识和推理有关问题进行回答的性能。

该数据集包含来自 MS COCO 数据集中验证集的 700 张图片，每张图片有 3 ～ 5 个问题和答案对（question and answer pairs），总共有 2,402 个问题。数据集中的每个问题都是通过人工方式根据 23 个预定义模板生成的。例如，IsThereAny 的模板是 "Is there any ⟨concept⟩?"

与其他视觉问答数据集中的问题相比，KB-VQA 数据集中的问题通常需要高水平的外部知识才能回答。这些问题有三个标签："视觉""常识""知识库知识"。"视觉"问题是通过 ImageNet 和 MS COCO 数据集的视觉概念直接回答的（"图像中有一辆车吗?"），"常识"问题对成年人来说不需要参考外部知识（"图中有多少条狗?"），"知识库知识"问题是通过如维基百科等知识库（"图片中的动物和斑马有什么共同之处?"）来回答的。

2. FVQA

FVQA 数据集 [3] 以结构三元组"图像-问题-答案-支持事实（image-question-answer-supporting fact）"的形式为问题和答案对提供支持。例如，对于"图中哪种动物会爬树?"答案是"猫"，支撑的事实是 < 猫, 能, 爬树 >。

FVQA 由 2,190 张图片、5,286 个问题和 193,449 个事实组成。FVQA 通过收集知识库 [7]、WebChild [8,9] 和 ConceptNet [10] 的知识三元组来构建知识库。数据集由 5 个训练-测试包组成。FVQA 有 32 种类型的问题，根据视觉概念的类型（对象、场景或动作）、答案的来源（图像或知识库）和支持事实的知识库（DBpedia、WebChild 或 ConceptNet）进行分类。

当创建 FVQA 数据集时，标注员（Annotator）首先选择图像和图像的视觉元素，然后选择与视觉概念相关的预先提取的支持事实，最后指定与所选事实支撑相关的问题或答案。

通过提供事实支撑，即使图像中未显示所有所需信息，FVQA 也能够回答复杂的问题。此外，该数据集支持在问题和答案中进行显式的推理。具体来说，这个框架指出了一种如何得到答案的方法。这些信息可以用于答案推理，搜索其他适当的事实，或评估包含推理链的答案。

3. OK-VQA

外部知识视觉问答（OK-VQA）数据集[5] 由 14,031 张图像、14,055 个问题和 7,178 个独特的问题词组成，涵盖各种知识类别，包括科学技术、历史和体育。OK-VQA 使用来自 MS COCO 数据集的随机图像，使用原始的 8,000 张训练图像和 4,000 张验证图像的划分来分割训练数据集和测试数据集。与现有的基于事实的视觉问答数据集（如 KB-VQA 和 FVQA）不同，它们要求视觉问答系统使用给定的知识库实现视觉推理，OK-VQA 需要基于非结构化知识进行推理。此外，每个问题都会被标注为 10 个知识类别之一：车辆和交通（VT）；品牌、公司和产品（BCP）；物品、材料和服装（OMC）；体育和娱乐（SR）；烹饪和食品（CF）；地理、历史、语言和文化（GHLC）；人和日常生活（PEL）；动植物（PA）；科学和技术（ST）；天气和气候（WC）。如果问题不属于任何类别，则将其归类为"其他"类别。

4. KRVQA

基于知识路由的视觉问题推理数据集（KRVQA）[6] 是第一个需要对自然图像进行知识推理的大规模数据集。数据集由 32,910 张图像、157,201 对不同类型的问题和答案以及 194,449 个知识三元组组成。问题的平均长度为 11.7 个单词。根据推理步骤，问题可分为一步问题和两步问题，根据所涉及的知识，可分为知识库相关问题和知识库无关问题。KRVQA 数据集的构建基于视觉基因组数据集[11] 的场景图标注和 FVQA 数据集知识库。为了生成无偏答案对，KRVQA 首先清理视觉基因组场景图标注中的对象和关系名称。利用场景图和相关知识三元组，形成特定于图像的知识图，用于描述与图像相关的对象、关系和知识。随后，从图中提取事实并组合到推理程序中。最后，根据程序布局和预定义的问题模板生成问答对。

5.3 知识库

5.3.1　数据库百科

DBpedia 项目是一个来自维基百科的数据语料库，旨在从维基百科中提取结构化信息，并在网络上提供这些信息。DBpedia 允许用户对维基百科的数据集进行复杂查询，并将网络上的其他数据集链接到维基百科数据。该项目由 Soren Auer 和 Jens Lehmann 于 2007 年启动[7]，从 111 种不同语言的维基百科中提取知识。

维基百科是使用最广泛的百科全书，有 287 种语言的官方版本，规模从几百篇到 380 万篇（英语）不等。然而，与许多其他 Web 应用程序类似，维基百科的搜索功能仅限于全文搜索，这导致其价值极其有限。此外，该平台还存在其他缺陷，如数据冲突、分类约定不一致、错误和垃圾邮件。

因此，DBpedia 项目专注于将维基百科内容转化为结构化知识，以便可以使用语义网络技术对维基百科进行复杂查询，将其链接到网络上的其他数据集，或创建新的应用程序或进行混搭。

最大的 DBpedia 知识库摘自英文版维基百科。该数据集包含 370 万件事物的 4 亿多条事实信息。DBpedia 知识库从 110 个维基百科版本中提取，包含 14.6 亿个事实，约 1,000 万个事物。DBpedia 项目将 27 种语言版本的维基百科信息框映射到由 320 个类和 1,650 个属性组成的共享本体中。

值得注意的是，DBpedia 是通过从维基百科中提取结构化信息创建的，因此比手工创建的知识库更大、更通用。整个 DBpedia 数据集描述了 458 万个实体，其中 422 万个实体被分类在一个一致的本体中。DBpedia 概念用了 13 种语言来描述短摘要和长摘要。

DBpedia 在网上有三种形式：第一，数据库作为可下载数据集提供；第二，DBpedia 通过公共 SPARQL 端点提供服务；第三，它基于链接数据原则提供可引用的 URI。

5.3.2　ConceptNet

ConceptNet 是一种知识图谱，它将自然语言的单词和短语通过带标签的加权边连接起来。该语料库包含超过 2,100 万条边和 800 万个节点。相应的英语词汇表包含大约 150 万个节点，其中 83 种语言至少有 1 万个节点。

ConceptNet 的初始版本于 2004 年被提出[12]，ConceptNet5.5[10] 于 2015 年被提出。数据集是由多种来源构建的，如 OMCS、Wiktionary、"games with a purpose"、Open Multilingual WordNet、JMDict（Breen 2004）、OpenCyc 和 DBPedia 的子集。ConceptNet 最大的输入来源是 Wiktionary，它提供了 1,810 万条边。ConceptNet 的大多数字符都与 OMCS 和 "games with a purpose" 有关。与其他知识库资源相比，ConceptNet 提供了一个足够多的免费知识图谱，侧重于单词的常识意义。

值得注意的是，ConceptNet 表示单词之间的关系，可以简单地表示为头节点、关系（如 IsA 和 UsedFor）和尾节点的三元组。例如，断言 "a cat has a tail" 可以表示为 $\langle cat, HasA, tail \rangle$。

5.4 知识嵌入

5.4.1　文字对矢量表示法

1. 动机

在传统的基于知识的视觉问答方法中，模型首先从给定图像中提取视觉特征，然后从问题中提取语言特征，这些特征与外部知识库相关联。为了从知识库中搜索相关事实，模型从图像中预测属性或从问题中预测关系类型。检索外部知识后，必须对其进行编码。为此，最常用的方法是文字到矢量表示，如 GloVe embedding 或 Doc2vec。最后，总结信息以获得最终答案，如图 5-1 所示。

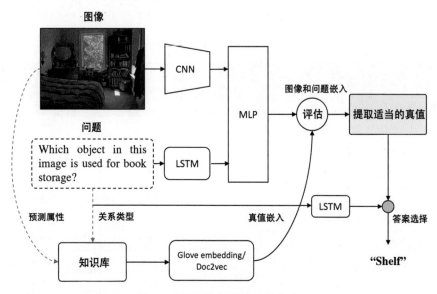

图 5-1　单词转向量的表示方法

2. 方法

Wu 等人[2] 提出了一种方法，将图像内容的表示与从通用知识库中提取的信息结合，以回答基于图像的问题。在该模型中，作者首先使用 CNN 从图像生成基于属性的表示。根据图像属性，将模型生成图像描述作为内部表示。随后，该模型使用 SPARQL，根据预测属性从外部知识中检索相关知识。由于 SPARQL 查询返回的文本通常比生成的描述长得多，因此该模型使用 Doc2vec（也称为段落向量）从检索到的知识段落中提取语义。

具体来说，Doc2vec 是一个从变长文本片段（如句子、段落和文档）中学习固定长度特征表示的非监督学习算法。将预测的属性、描述和基于数据库的知识向量作为输入被传递给 LSTM，LSTM 学习后，以单词序列的形式预测输入问题的答案。

Narasimhan 等人[4] 开发了一种基于学习的检索方法，该方法可以直接学习将事实和问题-图像对嵌入空间中。该模型避免了生成显式的查询，并学会将提取的视觉概念转换为一个向量，接近嵌入学习空间中的相关事实。具体来说，该模型从 CNN 中提取图像特征，从 LSTM 中提取文本特征。随后，该模型使用多层感知器将两种模式结合起来。利用 LSTM 预测问题中的事实关系类型，并从事实知识库中检索事实。该模型使用 GloVe-100 embedding 对检索到的结构化事实进行编码。最后，对检索到的事实按照"图像 + 问题 + 视觉概念"嵌入的排序，返回排名靠前的事实。

3. 性能和限制

表 5-2～表 5-4 总结了所有讨论的方法和数据集的性能。Wu 等人评估了 Toronto COCO-QA 和 VQA 数据集，并证明使用外部知识库可以有效地提高

表 5-2　FVQA 数据集测试结果比较

模型	总体准确率	
	最高	前三高
LSTM-Question+Image+Pre-VQA	24.98	40.40
Hie-Question+Image+Pre-VQA	43.14	59.44
FVQA（top-3-QQmaping）[3]	56.91	64.65
FVQA（Ensemble）[3]	58.76	—
Straight to the Facts（STTF）[4]	62.20	75.60
Reading Comprehension	62.96	70.08
Out of the Box（OB）[13]	69.35	80.25
Mucko[14]	73.06	85.94
GRUC[15]	79.63	91.20

性能。然而，Wu 等人提出的方法没有执行任何显式推理，忽略了知识库中可能存在的结构。此外，该方法只从知识库中提取离散的文本片段，忽略了结构表示能力。Narasimhan 等人在 FVQA 数据集上对提出的方法进行了评估，该方法的性能被认为是最高精度指标中最好的。

表 5-3　KRVQA 数据集的比较结果

| 模型 | 知识库不相关 | | | | | | | 知识库相关 | | | | | 全部 |
| | 单步 | 双步 | | | | | | 单步 | 双步 | | | | |
	0	1	2	3	4	5	6	2	3	4	5	6	
Q-type	36.19	2.78	8.21	33.18	35.97	3.66	8.06	0.09	0.00	0.18	0.06	0.33	8.12
LSTM	45.98	2.79	2.75	43.26	40.67	2.62	1.72	0.43	0.00	0.52	1.65	0.74	8.81
Program Predict	58.86	50.98	59.17	54.71	57.31	54.17	57.64	65.16	33.95	71.64	63.05	76.53	61.62
FiLM[16]	52.42	21.35	18.50	45.23	42.36	21.32	15.44	6.27	5.48	4.37	4.41	7.19	16.89
MFH[17]	43.74	28.28	27.49	38.71	36.48	20.77	21.01	12.97	5.10	6.05	5.02	14.38	19.55
UpDn[18]	56.42	29.89	28.63	49.69	43.87	24.71	21.28	11.07	8.16	7.09	5.37	13.97	21.85
MCAN[19]	49.60	27.67	25.76	39.69	37.92	21.22	18.63	12.28	9.35	9.22	5.23	13.34	20.52

表 5-4　OK-VQA 数据集的比较结果

| 模型 | 总体准确率 | | VT | BCP | OMC | SR | CF | GHLC | PEL | PA | ST | WC | 其他 |
	最高	前三高											
Q-Only[5]	14.93	—	14.64	14.19	11.78	15.94	16.92	11.91	14.02	14.28	19.76	25.74	13.51
MLP[5]	20.67	—	21.33	15.81	17.76	24.69	21.81	11.91	17.15	21.33	19.29	29.92	19.81
BAN[20]	25.17	—	23.79	17.67	22.43	30.58	27.90	25.96	20.33	25.60	20.95	40.16	22.46
MUTAN[21]	26.41	—	25.36	18.95	24.02	33.23	27.73	17.59	20.09	30.44	20.48	39.38	22.46
ArticleNet（AN）[5]	5.28	—	4.48	0.93	5.09	5.11	5.69	6.24	3.13	6.95	5.00	9.92	5.33
BAN+AN[5]	25.61	—	24.45	19.88	21.59	30.79	29.12	20.57	21.54	26.42	27.14	38.29	22.16
MUTAN+AN[5]	27.84	—	25.56	23.95	26.87	33.44	29.94	20.71	25.05	29.70	24.76	39.84	23.62
BAN/AN oracle[5]	27.59	—	26.35	18.26	24.35	33.12	30.46	28.51	21.54	28.79	24.52	41.4	25.07
Mucko[14]	29.20	30.66	—	—	—	—	—	—	—	—	—	—	—
GRUC[15]	29.87	32.65	29.84	25.23	30.61	30.92	28.01	26.24	29.21	31.27	27.85	38.01	26.21
ConceptBert[22]	33.66	—	30.38	28.02	30.65	37.85	35.08	32.91	28.55	35.88	32.38	47.13	31.47

5.4.2　基于 BERT 的表征

1. 动机

BERT 等预训练语言模型正快速发展。然而，在基于知识的视觉问答任务中，现有的大多数研究都是基于上下文无关的词嵌入，而不是知识图谱（Knowledge Graph，KG）和图像表示的融合。

2. 方法

Garderes 等人提出的 ConceptBert [22] 使用预训练的图像和语言特征，并将它们与知识图谱嵌入融合，以捕获特定于图像和问题的知识交互。如图 5-2 所示，ConceptBert 由视觉嵌入、文本嵌入和知识图谱嵌入组成。视觉嵌入是使用 Faster R-CNN 框架 [23] 获得的。问题嵌入是使用 BERT [24] 实现的。ConceptNet 被用作知识库。该方法使用图卷积网络聚合来自图中节点的局部邻域信息。该网络由编码器和解码器组成。图卷积编码器将图作为输入并对每个节点进行编码。编码器通过从节点向其邻居节点发送消息，并根据边定义的关系类型对它们进行加权操作。此操作发生在多个层中，并且包含来自节点的多跳信息。最后一层的嵌入被作为节点图。视觉和语言模块（vision-language module）代表语言和视觉内容的联合嵌入，它基于两个并行的 BERT-style 流。概念语言模块（concept-language module）代表基于知识图谱嵌入的语言特征，是一系列基于知识图谱嵌入来检查问题标记（question token）的 Transformer 块。概念-视觉-语言模块（concept-vision-language module）使用紧凑三线性交互（Compact Trilinear Interaction，CTI）来生成联合表征。此外，ConceptBert 不需要外部知识标注或搜索查询。

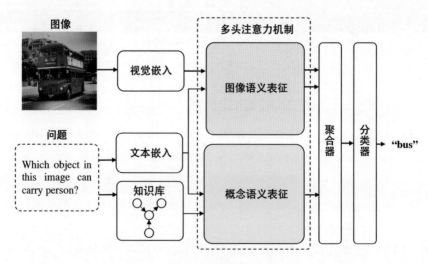

图 5-2　基于 BERT 的表征方法

Shevchenko 等人[25] 提出了一种通用技术，将知识库中的附加信息注入视觉和语言转换器（Transformer）中。该方法将知识库预处理为知识嵌入。此外，该方法的另一辅助任务为将其学习的表示与知识嵌入对齐。这种方法是在 LXMERT[26] 的基础上实现的，LXMERT[26] 是最先进的多任务模型之一。

3. 性能和限制

Garderes 等人已对 ConceptBert 在 VQA2.0 数据集[27] 和 OK-VQA 数据集上进行了评估。与烹饪和食品（CF）、动植物（PA）和科学和技术（ST）相关的概念分别在 OK-VQA 数据集上表现出了卓越性能。之所以出现这种现象，是因为这些问题的答案通常与问题中的主要实体和图像中的视觉特征不同。这表明从知识图谱中提取的信息在确定正确答案时具有重要意义。Shevchenko 对四个下游任务上的方法进行了广泛的实证评估，表明该方法在基于知识的 VQA（OK VQA 和 FVQA 数据集）和视觉推理（NLVR2 和 SNLI-VE 数据集）任务中的表现令人满意。

5.5 问题–查询转换

在查询外部知识时，模型必须从知识库中选择一个实体进行辅助推理，以获得最终答案。一般来说，实现问题到查询的转换有两种方法：基于查询映射（query-mapping）的方法和基于学习（learning-based）的方法。

5.5.1　基于查询映射的方法

1. 动机

为了将问题转换为查询，基于查询映射的方法通常将问题解析为关键字，并从相关实体中检索这些关键字。

Ahab[1] 从图像中检测相关内容并从知识库中搜索信息。为了获得查询结果，Ahab 首先将问题解析为关键字，通过关键字匹配检索相关事实，最后预测答案。Ahab 将问题简化为可用的查询模板之一，该模板使用 NLP 工具解析问题。具体来说，自然语言工具包（Natural Language ToolKit，NLTK）用于标记问题中的每个单词，它由分词器（tokenizer）、词性标注器（part-of-speech tagger）和词形还原器（lemmatizer）组成。随后，标记的问题由一组正则表达式（regex）解析，其中每个正则表达式都是为特定的问题模板定义的。将提取的短语（slot phrases）映射到知识库实体，并根据问题模板形成适当的 SPARQL 查询。

FVQA[1] 自动将问题进行分类并映射到不受模板限制的查询中，如图 5-3 所示。知识库查询是根据问题的三个属性实现的：视觉概念、谓词和答案来源。总体而言，这三个属性共有 32 种组合。每个组合都被认为是一种查询类型，使用 LSTM 模型学习一个 32 类分类器，以识别输入问题的三个属性并执行特定查询。

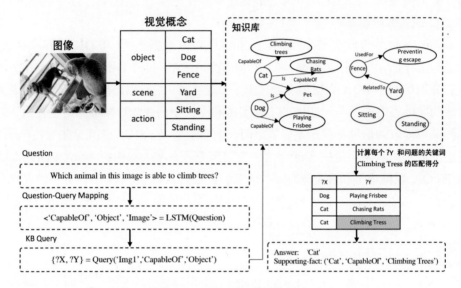

图 5-3　基于查询映射的方法

首先，通过知识库中相应的语义实体提取输入图像的视觉概念并链接到知识库中的相应语义实体。输入问题首先通过 LSTM 模型映射为查询类型，从中确定谓词类型、视觉概念和答案来源。随后，执行特定查询以识别知识库中所有符合搜索条件的事实。这些事实进一步与从问题句子中提取的关键字进行匹配。随后，模型会选择匹配最高得分的事实作为相应的答案。

Cao 等人[28] 提出了一种知识路由模块化网络（Knowledge-routed Modular network，KM-net），它通过结合视觉知识和常识执行多步推理。对于给定的问题，KM-net 通过查询估计器（query estimator）将问题解析为查询布局。查询估计器采用广泛使用的序列到序列模型，将问题中的单词序列作为输入，预测查询的序列。

2. 性能和限制

Ahab[1] 存在严重依赖预定义模板并且只接受预定义格式的问题。尽管 FVQA 将问题简化为查询模板，但能够提出的问题类型有限，尤其是当问题没有准确地引用知识库中的视觉概念或信息时。论文作者已经在 HVQR 数据集上评估了 KM-net 的准确性和解释能力。

5.5.2　基于学习的方法

1. 动机

查询映射的缺点是它不能关注最显著的视觉概念，并且在存在同义词和同形异义词的情况下表现不佳。因此，研究者提出了一种基于学习的方法，可以将图像问题对和事实嵌入同一空间，并根据事实的相关性进行排序。

2. 方法

Narasimhan 等人提出的方法 [13] 将视觉信息引入事实图，并使用隐式图推理预测答案。特别是，该方法将图卷积网络应用在事实图上，每个节点都以固定的图像问题实体嵌入形式表示。该方法通过图像、问题和实体嵌入的连接，平等地为每个图节点提供视觉信息。但只有部分视觉内容与问题和实体相关。此外，由于每个节点都以固定的图像问题实体嵌入形式表示，事实图仍然保持同构，这限制了模型自适应地从不同模式中捕获证据的灵活性。

Zhu 等人 [14] 提出了一种名为 Mucko 的模型，该模型专注于多层跨模态知识推理。Mucko 由两个模块组成：多模态异构图构建和跨模态异构图推理。多模态异构图构建通过三层图对图像进行编码：视觉图、语义图和事实图。视觉层保留对象的外观及其关系，语义层提供连接视觉和事实信息的高级抽象，事实层支持相应的事实知识。此外，作者提出了一种模态感知异构图卷积网络，以便从不同模态中捕获面向问题的证据。该网络包含两部分：模态内知识选择，通过模态图卷积从各层图中选择面向问题的知识；跨模态知识推理，通过跨模态图卷积实现三层图中互补证据的自适应选择。

Yu 等人 [15] 使用多模态知识图谱解释图像，并采用基于记忆的循环网络进行跨模态推理，以从不同模态中获取互补证据。他们提出的模型由四个模块组成：多模态异构图构建、模态内知识选择、跨模态知识推理以及全局评估和答案预测。具体来说，多模态异构图构建模块通过不同的知识图谱表示不同模态的知识，包括视觉图谱、语义图谱和事实图谱。模态内知识选择模块从知识图谱的每个模态中选择与问题相关的知识。跨模态知识推理模块通过基于图的读取、更新和控制（the graph-based read, update and control，GRUC）模块从视觉和语义知识图谱中迭代地收集补充证据。全局评估和答案预测模块使用图卷积网络联合分析所有概念，并使用二元分类器预测答案。

3. 性能和限制

Narasimhan 的方法在 FVQA 数据集上表现出了卓越的性能，并且不需要视觉概念类型或答案源。这些改进可以归功于与答案有关的联合推理，这有助于在做出最终决定之前共享信息。然而，由于视觉信息是完全提供的，因此可能在推断答案时会引入冗余信息。此外，每个节点都以固定的图像-问题-实体嵌入形式表示，并且事实图是同构的，这限制了模型自适应地从不同模态捕获证据的灵活性。

GRUC 在 FVQA、Visual7W-KB 和 OK-VQA 三个基准数据集上达到了最先进的性能，其有效性和可解释性已得到证实。该模型具有令人满意的解释能力，可以通过全面的可视化识别不同模式下的知识选择模式。

5.6 查询知识库的方法

5.6.1 RDF

1. 动机

可以使用查询语言有效地访问知识库中的信息。在结构化知识库中，知识通常由大量的三元组（arg1, rel, arg2）表示，其中 arg1 和 arg2 表示知识库中的两个概念，rel 表示概念之间关系的谓词。这些三元组的集合构成了一个大的相互关联的图。这种三元组通常根据资源描述框架（Resource Description Framework，RDF）规范进行描述，并存储在关系数据库管理系统（Relational DataBase Management System，RDBMS）或三元组中。资源描述框架是知识库的标准格式，形式为 $f_i = (a_i, r_i, b_i)$，其中 a_i 是在图像中的视觉概念，b_i 是属性或短语，r_i 是两个实体之间的关系。例如，"The image contatins a cat object" 的信息可以表示为（Img, contains, Obj-1）和（Obj-1, name, ObjCat-cat）。

2. 方法

Ahab[1] 从图像中检测视觉概念并将它们存储为 RDF 三元组。如图 5-4 所示，通过将对象、属性、场景类别映射到 DBpedia 实体，这些视觉概念链接到具有相同语义的外部知识库。因此，生成的 RDF 图包括 DBpedia 中与视觉概念相对应的所有相关信息。最后，通过本地 Openlink Virtuoso RDBMS 访问图像和 DBpedia 信息的组合。

Wu 等人[2] 采用了一种类似 SQL 的 RDF 查询语言 SPARQL 来访问知识库。在给定图像及其预测属性的情况下，该方法使用前五个最强的预测属性生成一个 DBpedia 查询，检索每个查询的 SPARQL 语句。如图 5-4 所示，提取的视觉概念图（左）链接到知识图谱概念（右）。

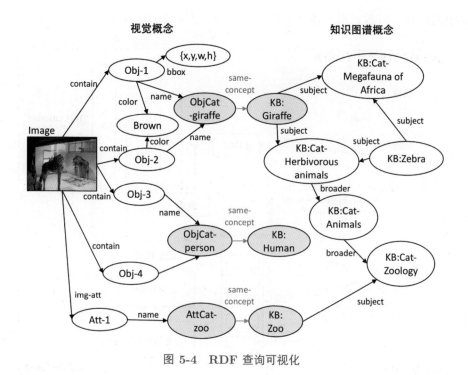

图 5-4　RDF 查询可视化

5.6.2　记忆网查询

1. 动机

现有方法通常使用基于事实的结构化知识图谱和图像进行推理。这些算法首先从给定的图像中提取视觉概念，并明确地在结构化知识库上实现推理。然而，由于缺乏结构以及语法结构（如语言约定），提取足够的视觉信息并不容易。

2. 方法

李等人[29] 提出了一种知识融合的动态记忆网络框架（Knowledge-incorporated Dynamic Memory Network framework，KDMN），它利用动态记忆网络引入大量的外部知识来回答开放域的视觉问题。KDMN 是将外部知识和图像表示与记忆机制相结合的首次尝试。如图 5-5 所示，KDMN 由三部分组成：候选知识检索、动态记忆网络以及基于知识的开放域视觉问答。第一，候选知识检索模块检索与图像和问题相关的候选知识。为了从 ConceptNet 中提取候选节点，使用 Fast R-CNN 从图像中提取视觉对象，并执行语法分析，以便从问题中提取文本关键词。候选知识表示为与上下文相关的知识三元组。随后，图像表示和知识被提取并整合到一个公共空间，存储在动态记忆网络中。与普通的 RDF 查询不同，KDMN 通过将视觉和文本特征输入非线性全连接层来生成查询向量，从而捕获问答上下文中的信息。最后，模型通过推断记忆中的事实来生成答案。

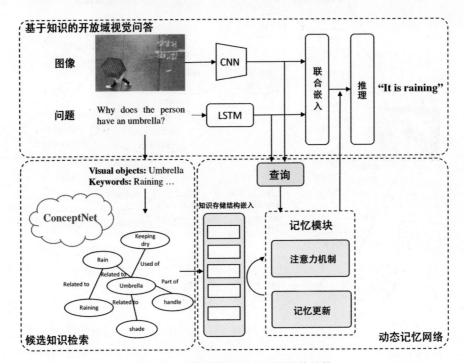

图 5-5   记忆网络查询方法的总体结构

3. 性能和限制

KDMN 的评估基于 Visual7W 数据集。该框架自动生成许多任意的问答对，并在开放域视觉问答上评估其性能。KDMN 在不同的问题上表现良好，例如 who（5.9%）、what（4.9%）、when（1.4%）和 how（2.0%），其原因可能是 who 和 what 问题比其他类型的问题有更多的问题和多项选择题，该系统可以从外部知识中受益更多。

参考文献

[1] WANG P, WU Q, SHEN C, et al. Explicit knowledge-based reasoning for visual question answering.//SIERRA C. Proceedings of the 26th International Joint Conference on Artificial Intelligence (IJCAI'17). Palo Alto, California USA: AAAI Press, 2017: 1290-1296.

[2] WU Q, WANG P, SHEN C, et al. Ask me anything: Free-form visual question answering based on knowledge from external sources.// Proceedings of the IEEE Conference on Computer Vision and Pattern Recognition. Las Vegas, NV, USA: IEEE, 2016: 4622-4630.

[3] WANG P, WU Q, SHEN C, et al. Fvqa: Fact-based visual question answering. IEEE Transactions on Pattern Analysis and Machine Intelligence, 2018, 40(10): 2413-2427.

[4] NARASIMHAN M, SCHWING A G. Straight to the facts: Learning knowledge base retrieval for factual visual question answering.//FERRARI V, HEBERT M, SMINCHIS-ESCU C, et al. Proceedings of the European Conference on Computer Vision. Berlin, Heidelberg: Springer, 2018: 460-477.

[5] MARINO K, RASTEGARI M, FARHADI A, et al. OK-VQA: A visual question answering benchmark requiring external knowledge.//Proceedings of the IEEE/CVF Conference on Computer Vision and Pattern Recognition. Long Beach, CA, USA: IEEE, 2019: 3195-3204.

[6] CAO Q, LI B, LIANG X, et al. Knowledge-routed visual question reasoning: Challenges for deep representation embedding. IEEE Transactions on Neural Networks and Learning Systems. IEEE, 2021, 33(7): 2758-2767.

[7] AUER S, BIZER C, KOBILAROV G, et al. Dbpedia: A nucleus for a web of open data.// The Semantic Web, 6th International Semantic Web Conference, 2nd Asian Semantic Web Conference. Berlin, Heidelberg: Springer, 2007, 4825: 722-735.

[8] TANDON N, DE MELO G, WEIKUM G. Acquiring comparative commonsense knowledge from the web.//AAAI'14: Proceedings of the Twenty-Eighth AAAI Conference on Artificial Intelligence. Palo Alto, California USA: AAAI Press, 2014: 166-172.

[9] TANDON N, DE MELO G, SUCHANEK F M, et al. Webchild: harvesting and organizing commonsense knowledge from the web.//WSDM'14: Proceedings of the 7th ACM international conference on Web search and data mining. New York, NY, USA: Association for Computing Machinery, 523-532.

[10] SPEER R, CHIN J, HAVASI C. Conceptnet 5.5: An open multilingual graph of general knowledge.// Proceedings of the AAAI Conference on Artificial Intelligence. Palo Alto, California USA: AAAI Press, 2017: 4444-4451.

[11] KRISHNA R, ZHU Y, GROTH O, et al. Visual genome: Connecting language and vision using crowdsourced dense image annotations. Kluwer Academic Publishers, 2017, 123(1): 32-73.

[12] LIU H, SINGH P. Conceptnet —a practical commonsense reasoning tool-kit. BT Technology Journal, 2004, 22: 211-226.

[13] NARASIMHAN M, LAZEBNIK S, SCHWING A G. Out of the box: Reasoning with graph convolution nets for factual visual question answering.//BENGIO S, WALLACH H M, LAROCHELLE H, et al. NIPS'18: Proceedings of the 32nd International Conference on Neural Information Processing Systems. Red Hook, NY, USA:Curran Associates Inc., 2018: 2659-2670.

[14] ZHU Z, YU J, WANG Y, et al. Mucko: Multi-layer cross-modal knowledge reasoning for fact-based visual question answering.//BESSIERE C. IJCAI'20: Proceedings of the Twenty-Ninth International Joint Conference on Artificial Intelligence. International Joint Conferences on Artificial Intelligence Organization, 2020: 1097-1103.

[15] YU J, ZHU Z, WANG Y, et al. Cross-modal knowledge reasoning for knowledge-based visual question answering. Pattern Recognition, 2020, 108: 107563.

[16] PEREZ E, STRUB F, DE VRIES H, et al. Film: Visual reasoning with a general conditioning layer.// Proceedings of the Thirty-Second AAAI Conference on Artificial Intelligence. Palo Alto, California USA: AAAI Press, 2018: 3942-3951.

[17] YU Z, YU J, XIANG C, et al. Beyond bilinear: Generalized multimodal factorized high-order pooling for visual question answering. IEEE Transactions on Neural Networks and Learning Systems, 2018, 29(12): 5947-5959.

[18] ANDERSON P, HE X, BUEHLER C, et al. Bottom-up and top-down attention for image captioning and visual question answering.// Proceedings of the IEEE Conference on Computer Vision and Pattern Recognition. Salt Lake City, UT, USA: IEEE, 2018: 6077-6086.

[19] YU Z, YU J, CUI Y, et al. Deep modular co-attention networks for visual question answering. Proceedings of the IEEE Conference on Computer Vision and Pattern Recognition. Long Beach, CA, USA: IEEE, 2019: 6274-6283.

[20] KIM J, JUN J, ZHANG B. Bilinear attention networks.//BENGIO S, WALLACH H M, LAROCHELLE H, et al. International Conference on Neural Information Processing Systems. Red Hook, NY, USA: Curran Associates Inc., 2018: 1571-1581.

[21] BEN-YOUNES H, CADÈNE R, CORD M, et al. MUTAN: multimodal tucker fusion for visual question answering.// Proceedings of the IEEE International Conference on Computer Vision. Venice, Italy: IEEE Computer Society, 2017: 2631-2639.

[22] GARDÈRES F, ZIAEEFARD M, ABELOOS B, et al. Conceptbert: Concept-aware representation for visual question answering.//COHN T, HE Y, LIU Y. Proceedings of the Conference Empirical Methods in Natural Language Processing. Online: Association for Computational Linguistics, 2020: 489-498.

[23] REN S Q, HE K M, GIRSHICK R B, et al. Faster r-cnn: Towards real-time object detection with region proposal networks. IEEE Transactions on Pattern Analysis and Machine Intelligence, 2015, 39(6): 1137-1149.

[24] DEVLIN J, CHANG M W, LEE K, et al. Bert: Pre-training of deep bidirectional trans-formers for language understanding.// Proceedings of the 2019 Conference of the North American Chapter of the Association for Computational Linguistics: Human Language Technologies, Volume 1 (Long and Short Papers). Minneapolis, Minnesota: Association for Computational Linguistics, 2019: 4171-4186.

[25] SHEVCHENKO V, TENEY D, DICK A R, et al. Reasoning over vision and language: Exploring the benefits of supplemental knowledge. Proceedings of the Third Workshop on Beyond Vision and LANguage: InTEgrating Real-world kNowledge (LANTERN). Kyiv, Ukraine: Association for Computational Linguistics, 2021: 1-18.

[26] TAN H, BANSAL M. LXMERT: learning cross-modality encoder representations from transformers.//INUI K, JIANG J, NG V, et al. Proceedings of the 2019 Conference on

Empirical Methods in Natural Language Processing. Hong Kong, China: Association for Computational Linguistics, 2019: 5099-5110.

[27] GOYAL Y, KHOT T, SUMMERS-STAY D, et al. Making the V in VQA matter: Elevating the role of image understanding in visual question answering.// Proceedings of the IEEE Conference on Computer Vision and Pattern Recognition. Honolulu, HI, USA: IEEE, 2017: 6325-6334.

[28] CAO Q, LI B, LIANG X, et al. Explainable high-order visual question reasoning: A new benchmark and knowledge-routed network. arXiv peprint arXiv:1909.10128, 2019.

[29] LI G, SU H, ZHU W. Incorporating external knowledge to answer open-domain visual questions with dynamic memory networks. arXiv preprint arXiv:1712.00733, 2017.

第 6 章
CHAPTER 6

视觉问答的视觉和语言预训练

多模态（例如视觉和语言）预训练已成为一个热门话题，近年来提出了许多表示学习模型。本章关注视觉和语言预训练模型，该模型可用于视觉问答任务。为此，本章首先介绍三种通用的预训练模型——ELMo、GPT 和 BERT，它们在原始研究中只考虑了自然语言的表示。随后，本章介绍视觉和语言预训练模型，它可以被视为语言感知预训练模型的扩展。具体来说，人们将这些模型分为两类：单流和双流。最后，本章介绍为每个特定的下游任务微调这些模型的方法，例如视觉问答、视觉常识推理（Visual Common-sense Reasoning，VCR）和指代表达理解（Referring Expression Comprehension，REC）。

6.1 简介

近年来，视觉和语言预训练引起了研究人员的关注。该方法旨在学习一种与任务无关的视觉内容（例如图像和视频）与自然语言内容的联合表示。为此，模型必须理解视觉概念、语言语义和对齐方式以及视觉和语言两种模态之间的关系。因此，许多研究人员[1-8] 已经尝试开发更有希望的联合表示。视觉问答是视觉和语言预训练方法的关键下游任务。本章将重点介绍使精心设计的预训练模型适应视觉问答任务的方法。6.2 节介绍三种典型的预训练模型（ELMo[9]、GPT[10] 和 BERT[11]），它们的原始版本只考虑自然语言。6.3 节展示一系列视觉和语言扩展模型（视觉和语言预训练模型），可分为单流和双流两种。在单流模型中，视觉信息和语言信息一开始就融合在一起，并直接输入编码器（Transformer）模块。在其他模型（双流）中，视觉和语言信息首先通过两个独立的编码器（Transformer）模块，并使用交叉 Transformer 整合不同模态的输出。6.4 节讨论在视觉问答任务和其他下游任务中调整视觉和语言预训练模型的方法。

6.2 常规预训练模型

本节将介绍几种通用预训练模型，用于生成给定输入的通用表示。我们以三种基于深度神经网络的经典预训练模型为例，即 ELMo [9]、GPT [10] 和 BERT [11]。这三种模型的原始版本只考虑自然语言。根据原始版本的设置，我们在描述模型时也将自然语言作为输入。

6.2.1　ELMo

ELMo（Embeddings from Language Models）[9] 的主要思想是通过深度双向循环神经网络（BiLSTM）在大量未标注数据上优化语言模型，如图 6-1 所示。输入句子由一系列词标记表示，这些词标记被输入 ELMo 模型，输出是每个输入词标记的对应表示。在这种情况下，该语言模型对输入的句子进行处理，得到的输出向量可以看作一个特征提取器。与 Word2Vec [12] 或 GloVe [13] 的预训练不同，ELMo 由于采用 BiLSTM 而获得的嵌入是上下文相关的，因此 ELMo 模型能够从给定的句子（一系列单词标记）中学习上下文信息。

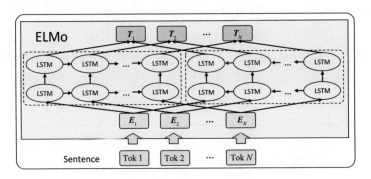

图 6-1　ELMos 的总体结构

6.2.2　GPT

根据图 6-2(a) 所示的框架，Radford 等人 [10] 提出了一个生成式预训练（Gnerative Pretraining，GPT）模型，目的是学习自然语言的通用表示。GPT 模型试图捕获句子中的长期依赖关系，用一系列的 Transformer [14] 模块取代了传统的 LSTM。其中，符号 "Trm" 表示 Transformer 模块。与 ELMo 模型类似，GPT 模型以一组词标记（句子）作为输入，并为每个输入词标记输出相应的表示。GPT 模型是一个单向模型，它仅根据前面的单词预测当前的单词，限制了对输入句子上下文的理解能力。为了解决这一问题，研究人员提出了一种 BERT [11] 模型，该模型侧重对输入句子的前向和后向理解，如图 6-2(b) 所示。输入是一系列的词标记，而输出是输入标记的对应表示。值得注意的是，BERT 模型被广泛应用于现有的视觉和语言预训练模型 [1,3,6] 中。关于该模型的更多细节将在下文中介绍。

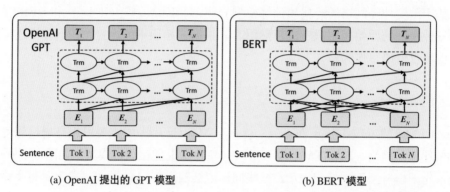

(a) OpenAI 提出的 GPT 模型   (b) BERT 模型

图 6-2   训练 GPT 模型的总体结构来自 BERT 模型的双向编码器表示的总体结构

6.2.3   MLM

如图 6-2(b) 和图 6-3 所示，Devlin 等人 [11] 设计了一种语言表示模型，称为基于 Transformer 的双向编码器表示（Bidirectional Encoder Representations from Transformers，BERT），该模型通过在所有层中同时使用左右上下文的条件，学习来自未标记句子的深度双向表示。输入是一个掩码句子对 A 和 B。[CLS] 符号添加在每个输入示例的前面，而 [SEP] 符号是两个句子之间的分隔标记。NSP 表示下一句预测模型，其目的是区分输入的两个句子是否相关。

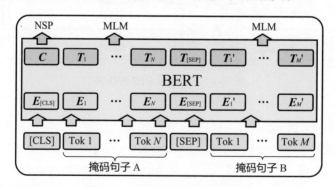

图 6-3   BERT 模型的整体结构

1. 输入表征

BERT 的输入表征如图 6-4 所示。模型输入了两句话 "my dog is cute" 和 "he likes playing"。标记 [CLS] 和 [SEP] 分别被添加在第一句的开头和结尾，用于指示第一个句子的开始和结束。对于第二句话，一个结束标记 [SEP] 被放置在

"##ing" 之后（第二句话的结尾）。这种方法将 "playing" 分为 "play" 和 "##ing" 两个标记。通过这种方式，模型可以处理未遇到过的单词，如 "playing"。接下来，每个输入单词由三个向量表示：词向量（Token Embedding）、块向量（Segment Embedding）和位置向量（Position Embedding）。每个词向量是指在通用空间中的特征向量表示的词。由于输入只涉及两个段落（第一个段落或第二个段落），因此存在两个块向量，并且来自同一个句子的嵌入是共享的。通过这种方式，模型可以识别信息是来自第一个段落还是第二个段落。对于只输入一个句子的任务，段落 ID 始终为 0；对于输入两个句子的任务，段落 ID 为 0 或 1。类似地，位置向量将每个单词的位置（图 6-4）映射到一个低维稠密向量中。

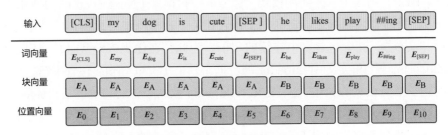

图 6-4　BERT 的输入表征

2. 掩码语言建模

为了确保模型可以学习上下文信息，BERT 引入了掩码语言建模（Masked Language Model，MLM）。掩码语言建模类似于一个封闭测试，随机隐藏给定句子中的一个词，并允许人们猜测可能的词。具体来说，15%[①] 的词被随机替换名为 [Mask] 的标记，随后，BERT 试图预测这些 [Mask] 标记的单词。通过使用交叉熵损失来优化模型参数，最大化正确预测的概率。这种方法强制 BERT 模型在对词进行编码时学习上下文信息。

但仍存在一个问题：在掩码语言建模的训练阶段出现了特殊的标记 [Mask]；但不会在微调阶段出现。因此，在其他下游任务中微调 BERT，出现了一些新词（在训练阶段未遇到的词）可能会导致不匹配。为了解决这个问题，在预训练 BERT 中，如果某个标记在选定的 15% 的词中，则它将按以下三种方式被随机执行：

- 80% 选择的标记被 [Mask] 替换，例如：

  my dog is hairy → my dog is [Mask]

- 10% 选择的标记被一个随机的单词替换，例如：

  my dog is hairy → my dog is apple

---

①过少的掩码会妨碍从上下文中学习信息，而过多的掩码可能会增加计算成本。

- 10% 选择的标记没有被替换，例如：

my dog is hairy → my dog is hairy

在这种情况下，因为任何词都可能被替换，所以 BERT 模型不知道 [Mask] 替换的是哪个词，例如词 "apple" 可能被替换。因此，在对当前词进行编码时，模型不仅依赖当前词，还会依赖上下文。这个模型有助于完形填空（[Mask]）或纠正句子中被替换或不匹配的词。例如，在上面的例子中，当编码词 "apple" 时，如果模型考虑到上下文 "my dog is"，它将输出一个词 "hairy" 而不是 "apple"。

3. 下一句预测

在许多自然语言处理任务中，例如问答，连续句子之间的关系是至关重要的。因此，BERT 引入了一个新的模块，称为下一句预测（Next Sentence Prediction，NSP），目的是预测两个给定的句子是否相关。这个框架要求预训练数据必须是一篇 "文章"，其中包含多个连续的句子。为此，在优化该模型时，使用了来自 BookCorpus[15] 和英文 Wikipedia 的数据，其中 BookCorpus 包含书籍，每本书中的句子都是相关的。同样地，英文 Wikipedia 数据集中的句子也是相关的。为了完成这项任务，BERT 以 50% 的概率选择连续的（相关的）句子，以 50% 的概率随机选择两个不相关的句子。然后，该模型判断所选的两个句子是否相关。例如，

- 下面两个句子是相关的：

[CLS] *the man went to* [MASK] *store* [SEP] *he bought a gallon* [MASK] *milk* [SEP]

- 下面的句子是不相关的：

[CLS] *the man* [MASK] *to the store* [SEP] *penguin* [MASK] *are flight ##less birds* [SEP]

4. 下游微调任务

如图 6-5 所示，BERT 可以进行微调以完成四种类型的下游任务：单句分类任务、句对分类任务、单句标记任务和问答任务。这些任务可以描述如下：

- 单句分类任务，输入为单个句子，如图 6-5(a) 所示，所有标记都属于同一个段落（ID=0）。在此任务中，在模型的最后一层添加一个 softmax 函数，并使用一系列标记数据进行微调。
- 句对分类任务，如图 6-5(b) 所示，给定两个句子，每个标记可以对应不同的句子/段落（ID=0 和 ID=1 分别对应第一句和第二句）。此外，该模型在最后一层引入了一个 softmax 函数，修改后的模型使用带标签的数据进行微调。
- 单句标记任务（例如，命名实体识别），给定一个输入句子（标记序列），除了 [CLS] 和 [SEP]，每个输入标记都有一个输出标记。如图 6-5(c) 所示，表示法 "B-PER" 表示一个人名的开头，"O" 表示标记不属于任何实体。在这种情况下，模型通过评估预测标记和真实标记之间的差异来优化模型。
- 问答任务，输入是一个问题（Q）和一个包含答案的长段落（P），输出是本

段中找到的答案（A）。例如：

Q：水滴与冰晶在哪里碰撞形成降水？

P：当较小的水滴与云中的其他雨滴或冰晶碰撞时形成了降水。

A：在云中。

此任务中的 BERT 机制可以总结为模型首先将问题和段落表示为一个长序列，中间用 [SEP] 分隔；问题是一个段落或句子（ID=0），而包含答案的段落是另一个段落或句子（ID=1）；假设答案是段落中的连续序列（图 6-5(d)），BERT 将寻找答案的问题转化为寻找这个范围的起始和结束索引的问题。

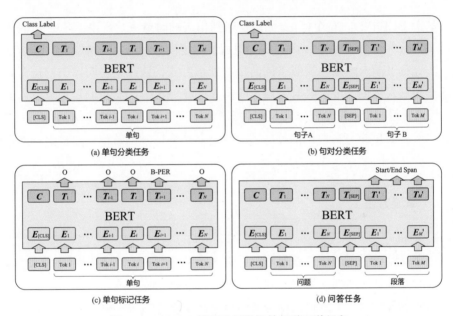

图 6-5　BERT 模型进行微调的四种下游任务

6.3 视觉和语言预训练的常用方法

1. 问题定义与预训练范式

视觉和语言预训练的目的是从视觉和语言输入中产生一种联合表征。具体来说，给定具有相应描述（语言）的图像（视觉），模型试图生成一个统一的表示，该表示保留了文本上下文和视觉信息。这种表示可以应用于各种视觉和语言的下游任务，如视觉问答或指代表达理解。为此，人们提出了许多视觉和语言预训练框架的范式，可以分为单流和双流两种，如图 6-6 所示。其中，双流范式可以进一步分为两种子类型，即交叉类型和联合类型。

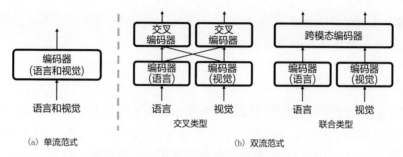

图 6-6　视觉和语言预训练框架的各种范式

2. 算子

基于 BERT[11]，每个标记/词被投射到相应的向量 $e \in \mathcal{E}$ 中，其中 $\mathcal{E}$ 表示词向量的集合。每个词向量 e 由三部分组成：标记向量 e_{tok}、段向量 e_{seg} 和位置向量 e_{pos}。对于输入图像，类似于词向量的处理方式，该模型将图像中的每个边界区域作为输入标记，可以映射为视觉向量 $f \in \mathcal{F}$。其中，$\mathcal{F}$ 指的是视觉嵌入的集合，与词向量相似。每个视觉向量包含三个组成部分，即视觉特征表示 f_{vis}、段向量 f_{seg} 和位置向量 f_{pos}。视觉特征表示 f_{vis} 是边界区域的特征，通常由卷积神经网络生成。段向量 f_{seg} 的目的是指出这种嵌入是来自输入图像还是输入文本。

6.3.1　单流方法

1. 动机

许多视觉和语言的任务需要理解视觉内容、语言语义、跨模态对齐和关系。一种直接的方法是使用独立的视觉和语言模型，分别为视觉或语言任务设计，分别在视觉或语言数据集上进行预训练。但该方法缺乏学习视觉概念和语言语义联合表示的统一基础。因此，当成对的视觉和语言数据有限或存在偏差时，该方法往往表现出较差的泛化能力。为了缓解这一问题，必须使用联合预训练视觉和语言模型，它可以为下游的视觉和语言任务提供联合知识表示。

2. 方法

Li 等人[1] 提出了一种名为 VisualBERT（图 6-7）的视觉和语言表示框架，旨在生成一个统一的表示，其中包含来自文本的语言语义和来自图像的视觉概念。VisualBERT 是一种典型的单流视觉和语言预训练框架，该模型将文本和图像作为输入，并试图生成包含语言语义和视觉概念的联合表示。为了在图像和相应的文本中捕获丰富的语义，VisualBERT 使用自然语言处理中的 BERT[11]，并使用 Faster R-CNN[16] 从图像中生成区域建议。与 BERT 中的标记处理相似，VisualBERT 将每个边界区域视为输入标记，并将其与单词标记一起输入模型。每个边界区域通过卷积神经网络映射到一个视觉特征上。然后，文本和图像特征由多个 Transformer 层共同处理。单词和对象区域之间的相互作用使模型能够考虑文本和图像之间的关联。

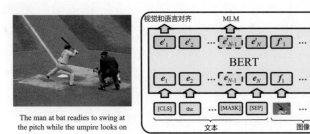

图 6-7　VisualBERT 的整体结构

VisualBERT 在 COCO 数据集 [17] 上进行训练，有两个目标。第一个目标是掩码语言建模，遵循 BERT 中的设置。但与仅基于自然语言的 BERT 不同，VisualBERT 在填充 [MASK] 标记时考虑了视觉信息。第二个目标是句子—图像预测，它关注给定的文本和图像是否对齐。为此，模型将带有两段描述的图像作为输入。一段描述与给定的图像相关联，而另一段描述只有 50% 的概率与图像关联。

Li 等人 [2] 设计了一种名为 Unicoder-VL 的通用编码器，以预训练的方式学习视觉和语言的联合表示。具体来说，受跨语言预训练模型的启发，例如 XLM [18]、Unicoder [19] 和 BERT [11]，Unicoder-VL 使用多层 Transformer [14] 从多模态输入中捕获视觉和语言内容。Unicoder-VL 的优化包括三个目标，即掩模语言建模、掩码对象分类（Masked Object Classification，MOC）和视觉语言匹配（Visual-Linguistic Matching，VLM）。与 VisualBERT 类似，掩码语言建模同时考虑来自文本的语言语义和来自图像的视觉信息，除了对文本标记进行掩码，掩码对象分类还通过对检测到的对象进行掩码，来增强生成的多模态特征的上下文感知表示能力。视觉语言匹配尝试预测图像和一段文本是否相互描述，类似于 VisualBERT 框架。

Su 等人 [3] 提出了视觉语言 BERT（VL-BERT）模型，它采用多层 Transformer，以文本标记和图像区域作为输入，输出包含视觉和语言信息的特征。VL-BERT 模型通过两个预训练的任务进行优化：带有视觉线索的掩码语言建模和带有语言线索的掩码感兴趣区域（RoI）分类。前一个任务类似于在 BERT 中实现的掩码语言建模。不同之处在于，VL-BERT 关注输入文本和图像中的语言和视觉线索，而传统的 BERT 模型只考虑自然语言。第一个任务试图掩盖输入句子中的标记，第二个任务是预测给定图像中的掩盖感兴趣区域。与 Unicoder-VL 或 VisualBERT 框架不同，VL-BERT 在像素级别对 RoI 进行掩码，而其他方法在 RoI 的特征中添加掩码。这样一来，VL-BERT 可以在视觉特征提取过程中避免视觉线索的泄露。

Alberti 等人[4] 设计了一个名为文本转换器（Bounding Boxes in Text Transformer，B2T2）的模型，试图验证视觉和语言信息的融合是否可以提高模型在下游任务中的性能。为此，B2T2 引入了两种融合方法：后期融合和早期融合。受双编码器模型[20,21] 的启发，即双编码器模型将整个图像映射到一个公共表示空间，后期融合方法将输入图像和句子映射到骨干模型末端的公共空间，并将它们的内积作为输出分数计算。与后期融合相比，早期融合方法力求在骨干模型开始阶段就将图像和句子融合在一起。为此，该模型采用了类似于 BERT 的 [MASK] 机制，该机制也在给定图像的对象区域中采用了 [MASK] 标记。模型训练是与 VisualBERT 相同的，都基于两个预训练任务，即掩码语言建模和句子—图像对齐。

Chen 等人[5] 设计了一种通用的图像—文本表示（Uiversal Image-Text Representation，UNITER）模型。与现有的多层 Transformer 不同，UNITER 方法只利用单层 Transformer。输入图像遵循现有方法（例如，VisualBERT）的设置进行配置，这些方法依赖于包含视觉特征和位置信息的感兴趣区域。主要区别在于，该位置由一个 7 维向量（边界框的高度、宽度和面积）表示，而其他方法只有 4 维（边界框的坐标）。该模型的优化基于四个预训练任务：掩码语言建模、掩码区域建模（Masked Region Modeling，MRM）、图像文本匹配（Image Text Matching，ITM）和单词区域对齐（Word-Region Alignment，WRA）。前三个任务，即掩码语言建模、掩码区域建模和图像文本匹配，与 UnicoderVL 中的任务相同。除了图像文本匹配（全局图像-文本对齐），UNITER 还引入了一种新的单词区域对齐，它专注于单词和图像区域之间的细粒度对齐。具体来说，模型将标记/词区域匹配问题视为两个分布之间的转移问题。从这个意义上说，模型可以使用最优转移（Otimal Transportation，OT）以无监督学习的方式来增加单词和区域之间的对齐，相应的损失估计了单词和区域分布之间的最优转移距离。

3. 性能和局限

除了上述方法，还有许多变体，如 VLP[22]、ImageBERT[23]、XGPT[24] 和 OSCAR[25]。然而，由于模型结构的限制，单流模型不能适应不同模态（视觉和语言）的不同处理需求，这就限制了不同模态之间的交互，因为交互必须能够在不同的表示深度下进行。这种僵化的体系结构可能会限制生成的多模态特征的通用能力，并进一步降低下游任务中的微调性能。

6.3.2　双流方法

1. 动机

对于双流模型，语言语义和视觉信息不是在模型的开始处直接融合的，而是先由不同的编码器进行编码。分流设计基于语言理解比图像理解更复杂的假设，图像输入是目标检测模型提取的一系列高级特征，如 Faster-RCNN。因此，这两个输入所需的编码应该是不同的，例如不同的模型或表示深度。

2. 方法

Lu 等人[6] 提出了一种称为视觉和语言 BERT（ViLBERT）的模型，用于学习图像内容和自然语言的联合表示。如图 6-8 所示，该模型由分别处理视觉输入和文本输入的两个流组成，这两个流通过自注意力 Transformer 层（Via Coattention Transformer Layers）相互交互。例如，给定一段描述和一张图像，该模型首先通过一系列 Transformer 块（TRM）分别管理两个输入，并通过协同 TRM（Co-TRM）模块实现交互。

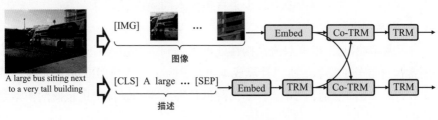

图 6-8　ViLBERT 的整体结构

ViLBERT 的优化基于两个预训练目标，掩码多模态建模和多模态对齐预测。掩码多模态建模沿用了传统 BERT 的掩码语言建模方法，它掩蔽了输入中的词/标记和图像区域，并试图在该模型的输出中恢复它们。但 ViLBERT 不是恢复每个图像区域的掩码特征值，而是试图预测每个区域的语义类别分布。为此，模型将预测的分布视为真实值，且这个真实值来自用于区域检测的同一检测器。该模型通过 KL 散度确保恢复的分布与预测的分布相似。多模态对齐预测侧重于给定的图像和句子是否对齐。

Tan 等人[7] 设计了一种框架 LXMERT（Learning cross-modality Encoder Representations from Transformers），它旨在从输入的图像和句子中学习视觉和语言之间的联系。该模型包括三个组件，即对象关系编码器、语言编码器和跨模态编码器，分别专注于捕获视觉特征、提取语言嵌入和融合视觉及语言信息。LXMERT 包括五种预训练任务，可分为三种类型，即语言任务、视觉任务和跨模态任务。对于语言任务，该模型遵循 BERT 中的掩码语言建模。视觉任务包含两个子任务，即通过 RoI 特征回归进行的掩码对象预测和通过检测标签分类的掩码对象预测。在这两个任务中，RoI 特性被随机掩蔽为零。不同之处在于，前一种方法寻求恢复掩码区域，而后者侧重于对给定的 RoI 区域进行分类。跨模态任务还涉及两个子任务，即跨模态匹配和视觉问答。第一个任务检查图像和文本是否对齐，而第二个任务是传统的视觉问答任务，用于扩大预训练数据集。

Lu 等人[8] 设计了一种多任务视觉和语言表示学习方法，称为 12-in-1。该方法在 12 个数据集上优化了模型，涉及四种任务，即视觉问答、基于描述的图像检索、指代表达定位（Grounding Referring Expressions）和多模态验证。骨干结构沿用 ViLBERT 模型，包含与视觉和语言相关的两个数据流。与 ViLBERT 类似，12-in-1 也考虑了两个预训练任务，即掩码多模态建模和多模态对齐预测。在第一个任务中，12-in-1 以大约 15% 的概率掩蔽了词/标记和图像区域。但与原来的 ViLBERT 不同的是，12-in-1 也掩蔽了有重叠的区域（IoU>0.4），可以有效避免视觉信息的泄露。第二个任务用于区分文本和图像是否匹配。与 ViLBERT 相比，12-in-1 在处理负面（未对齐）文本时不执行掩码多模态建模损失。通过这种方式，该模型可以在一定程度上减少来自负样本的噪声。

3. 性能和局限

与单流结构相比，尽管双流结构在处理视觉和语言输入时更加灵活，但由于模型通常包含额外的参数，所以计算成本更高。例如，LXMERT 的预训练过程在 4 块 Titan Xp 上需要运行 10 天。如何降低计算成本并设计出更轻便的模型是亟须解决的关键问题。

6.4 视觉问答及其下游任务微调

预训练的视觉语言模型可用于多种类型的视觉和语言应用，如视觉问答、视觉常识推理（Visual Commonsense Reasoning, VCR）、指代表达理解（Referring Expression Comprehension, REC）、自然语言视觉推理、Flick30k 实体、图像文本检索、零样本图像文本检索、基准指代表达（Grounding Referring Expressions）、视觉蕴涵（Visual Entailment, VE）、图像描述（Image Captioning）和视觉推理和组合式问答（Visual Reasoning and Compositional Question Answering, GQA）。每个应用程序或任务对应一种特定的微调方法，将原始模型适应到一定程度的任务上。本节将描述前三种典型的下游任务。

1. 视觉问答

视觉问答是一项重要的下游任务，已尝试使用各种视觉和语言预训练模型来实现，如 VisualBERT、VL-BERT、UNITER、ViLBERT、LXMERT 和 12-in-1 等。在通常情况下，视觉问答任务以包含与图像相关的问题的图像作为输入，并要求模型返回适当的答案。如图 6-9 所示，当使用视觉和语言预训练模型（如 VisualBERT）时，视觉问答可以被视为一个分类问题，其中模型必须从预定义的答案池中选择合适的答案。为确保预训练模型适用于视觉问答任务，我们引入了一个额外的 [MASK] 标记，并将其输入给模型，以返回一个预测的答案。

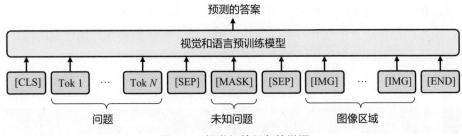

图 6-9　视觉问答任务的微调

2. 视觉常识推理

另一项下游任务是视觉常识推理。视觉常识推理要求模型根据给定的图像和问题生成正确的答案，这与视觉问答是类似的。关键的区别在于，除了输出的答案，视觉常识推理还需要验证所生成的答案的合理性。从这个角度来看，视觉常识推理任务可以分为两个子任务：问题（Q）→ 回答（A）和问题（Q）和回答（A）→ 推理（R）。每个训练样本包含四个候选答案，分别与给定的问题和图像进行组合。因此，每个样本有四个组合序列。如图 6-10 所示，该模型将序列作为输入，并对正确的输入序列进行分类。对象分类通常作为辅助模块引入。

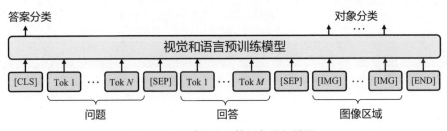

图 6-10　对视觉问答任务进行微调

3. 指代表达理解的方法

指代表达理解（Referring Expression Comprehension，REC）的目的是在一个给定的图像中定位由语言查询描述的特定对象。如图 6-11 所示，任务以查询图像对作为输入，输出一个检测到的区域，该区域包含给定查询描述的对象。视觉

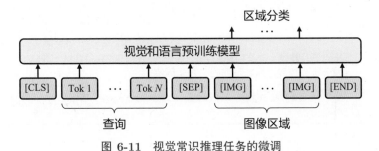

图 6-11　视觉常识推理任务的微调

和语言预训练模型可以很容易地适应该任务，因为在预训练和指代表达理解任务中，输入都包含语言序列和一系列图像区域。唯一的区别是在原始模型的输出层中集成了一个区域分类模块，如表 6-1 所示。

表 6-1　不同视觉和语言预训练方法的比较

方法	架构	视觉标记	预训练数据集
VisualBERT [1]	单流	Image RoI	COCO
Unicoder-VL [2]	单流	Image RoI	Conceptual Captions
VL-BERT [3]	单流	Image RoI	Conceptual Captions, BooksCorpus, English Wikipedia
B2T2 [4]	单流	Image RoI, Entire Image	Conceptual Captions
UNITER [5]	单流	Image RoI	COCO, Visual Genome, Conceptual Captions, SBU Captions
ViLBERT [6]	双流	Image RoI	Conceptual Captions
LXMERT [7]	双流	Image RoI	COCO, Visual Genome (VG) Caption, VG QA, VQAv2, GQA
12-in-1 [8]	双流	Image RoI	VQAv2, GQA, Visual Genome (VG) QA, COCO, Flickr30K, RefCOCO, RefCOCO+, RefCOCOg, Visual7W, GuessWhat, NLVR, SNLI-VE

方法	预训练任务	下游任务
VisualBERT [1]	掩码语言建模，句子–图像对齐	视觉问答，视觉常识推理，自然语言视觉推理，短语定位
Unicoder-VL [2]	掩码语言建模，掩码对象分类，视觉语言匹配	图像文本检索，零样本图像文本检索，视觉常识推理
VL-BERT [3]	掩码语言建模，掩码对象分类	视觉常识推理，视觉问答，指代表达理解
B2T2 [4]	掩码语言建模，句子–图像对齐	视觉常识推理
UNITER [5]	掩码语言建模，掩码区域建模，图像文本匹配，单词区域对齐	视觉问答，图像文本检索，指代表达理解，视觉常识推理，视觉蕴涵，NLVR
ViLBERT [6]	掩码语言建模，句子–图像对齐，掩码对象分类	视觉问答，视觉常识推理，指代表达定位，基于图像描述的图像检索，零样本基于图像描述的图像检索
LXMERT [7]	掩码语言建模，句子–图像对齐，掩码区域分类，掩码区域特征回归，视觉问答	视觉问答，GQA，NLVR
12-in-1 [8]	掩码语言建模，句子–图像对齐，掩码对象分类	视觉问答，基于描述的图像检索，指代表达定位，多模态验证

参考文献

[1] LI L H, YATSKAR M, YIN D, et al. Visualbert: A simple and performant baseline for vision and language. arXiv preprint arXiv:1908.03557, 2019.

[2] LI G, DUAN N, FANG Y, et al. Unicoder-vl: A universal encoder for vision and language by cross-modal pre-training.// Proceedings of the AAAI Conference on Artificial Intelligence. New York, USA: AAAI Press, 2020, 34(07): 11336-11344.

[3] SU W J, ZHU X ZH, CAO Y, et al. Vl-bert: Pre-training of generic visual-linguistic representations. Eighth International Conference on Learning Representations (ICLR). Online, 2020.

[4] ALBERTI C, LING J, COLLINS M, et al. Fusion of detected objects in text for visual question answering. Proceedings of the 2019 Conference on Empirical Methods in Natural Language Processing. Hong Kong, China: Association for Computational Linguistics, 2019: 2131–2140.

[5] CHEN Y C, LI L, YU L, et al. Uniter: Universal image-text representation learning.// Proceedings of the European Conference on Computer Vision. Berlin, Heidelberg: Springer, 2020: 104-120.

[6] LU J, BATRA D, PARIKH D, et al. Vilbert: Pretraining task-agnostic visiolinguistic representations for vision-and-language tasks. Advances in Neural Information Processing Systems 32 (NeurIPS 2019). Red Hook, NY, USA: Curran Associates, Inc., 2019.

[7] TAN H, BANSAL M. LXMERT: learning cross-modality encoder representations from transformers.//INUI K, JIANG J, NG V, et al. Proceedings of the 2019 Conference on Empirical Methods in Natural Language Processing. Hong Kong, China: Association for Computational Linguistics, 2019: 5099-5110.

[8] LU J, GOSWAMI V, ROHRBACH M, et al. 12-in-1: Multi-task vision and language representation learning.// Proceedings of the IEEE Conference on Computer Vision and Pattern Recognition. Long Beach, CA, USA：IEEE, 2020: 10434-10443.

[9] PETERS M E, NEUMANN M, IYYER M, et al. Deep contextualized word representations. arXiv preprint arXiv:1802.05365, 2018.

[10] RADFORD A, NARASIMHAN K, SALIMANS T, et al. Improving language understanding by generative pre-training. 2018.

[11] DEVLIN J, CHANG M W, LEE K, et al. Bert: Pre-training of deep bidirectional transformers for language understanding.// Proceedings of the 2019 Conference of the North American Chapter of the Association for Computational Linguistics: Human Language Technologies, Volume 1 (Long and Short Papers). Minneapolis, Minnesota: Association for Computational Linguistics, 2019: 4171-4186.

[12] MIKOLOV T, CHEN K, CORRADO G, et al. Efficient estimation of word representations in vector space. arXiv preprint arXiv:1301.3781, 2013.

[13] PENNINGTON J, SOCHER R, MANNING C D. Glove: Global vectors for word repre-
sentation.//Proceedings of the 2014 Conference on Empirical Methods in Natural Lan-
guage Processing (EMNLP). Doha, Qatar: Association for Computational Linguistics,
2014: 1532-1543.

[14] VASWANI A, SHAZEER N, PARMAR N, et al. Attention is all you need. Advances
in neural information processing systems. Red Hook, NY, USA: Curran Associates Inc.,
2017: 6000-6010.

[15] ZHU Y, KIROS R, ZEMEL R, et al. Aligning books and movies: Towards story-like
visual explanations by watching movies and reading books.//Proceedings of the IEEE
International Conference on Computer Vision. Santiago, Chile: IEEE, 2015: 19-27.

[16] REN S Q, HE K M, GIRSHICK R B, et al. Faster r-cnn: Towards real-time object
detection with region proposal networks. IEEE Transactions on Pattern Analysis and
Machine Intelligence, 2015, 39(6): 1137-1149.

[17] CHEN X, FANG H, LIN T Y, et al. Microsoft coco captions: Data collection and
evaluation server. arXiv preprint arXiv:1504.00325, 2015.

[18] LAMPLE G, CONNEAU A. Cross-lingual language model pretraining. NIPS'19: Pro-
ceedings of the 33rd International Conference on Neural Information Processing Systems.
Red Hook, NY, USA: Curran Associates Inc., 2019: 7059-7069.

[19] HUANG H, LIANG Y, DUAN N, et al. Unicoder: A universal language encoder by
pre-training with multiple cross-lingual tasks. arXiv preprint arXiv:1909.00964.

[20] WU L, FISCH A, CHOPRA S, et al. Starspace: Embed all the things!.//Proceedings of
the AAAI Conference on Artificial Intelligence. Palo Alto, California USA: AAAI Press,
2018.

[21] GILLICK D, PRESTA A, TOMAR G S. End-to-end retrieval in continuous space. arXiv
preprint arXiv:1811.08008, 2018.

[22] ZHOU L, PALANGI H, ZHANG L, et al. Unified vision-language pre-training for image
captioning and vqa.//Proceedings of the AAAI Conference on Artificial Intelligence. Palo
Alto, California USA: AAAI Press, 2020, 34(07), 13041-13049.

[23] QI D, SU L, SONG J, et al. Imagebert: Cross-modal pre-training with large-scale weak-
supervised image-text data. arXiv preprint arXiv:2001.07966, 2020.

[24] XIA Q, HUANG H, DUAN N, et al. Xgpt: Cross-modal generative pre-training for image
captioning.//Natural Language Processing and Chinese Computing. Berlin, Heidelberg:
Springer,2021.

[25] LI X, YIN X, LI C, et al. Oscar: Object-semantics aligned pre-training for vision-language
tasks.//Proceedings of the European Conference on Computer Vision. Berlin, Heidelberg:
Springer, 2020, 12375.

第 3 部分 · 视频视觉问答 ·

视频问答以视频为输入，回答与视频内容相关的问题。与基于图像的视觉问答任务相比，视频问答需要一个模型来理解空间和时间的上下文知识。本部分将重点介绍视频问答方法，描述视频表征学习，并介绍几种经典和先进的视频问答模型。

第 7 章
CHAPTER 7

视频表征学习

视频表征学习从给定的视频中生成视觉语义表示，这对视频相关任务至关重要，包括视频中的人类动作理解和视频问答。视频表征可以分为人工标注的局部特征和深度学习特征。人工标注的局部特征是通过人工标注的公式提取的视频特征，深度学习特征是通过神经网络自动提取的。本章将讨论从人工标注的特征和深度学习生成特征两个方面介绍视频表征学习。

7.1 人工标注的局部视频描述符

人工标注的局部视频特征的计算涉及两个处理单元：检测器用来识别重要的和信息丰富的区域，描述符用来生成关于提取的区域的语义信息。几个典型的人工标注的局部特征为空时关键点 [1]、立方体 [2] 和密集轨迹 [3]，下面重点介绍前两种。

1. 空时关键点

时空关键点（Space-time interest points）[1] 是将视频视为一个三维函数，并识别一个映射函数，将三维视频映射到一维空间，寻找局部最大值。对于其计算过程，首先，将视频转换为一个线性尺度空间表示：

$$L\left(\cdot; \sigma_l^2, \tau_l^2\right) = g\left(\cdot; \sigma_l^2, \tau_l^2\right) * f(\cdot), \tag{7-1}$$

式中，$g\left(\cdot; \sigma_l^2, \tau_l^2\right)$ 是一个具有明显空间方差 σ_l^2 和时间方差 τ_l^2 的高斯核，具体表征为

$$g\left(x, y, t; \sigma_l^2, \tau_l^2\right) = \frac{\exp\left(-\left(x^2 + y^2\right)/2\sigma_l^2 - t^2/2\tau_l^2\right)}{\sqrt{(2\pi)^3\sigma_l^4\tau_l^2}}. \tag{7-2}$$

与 Harris 算法相似，作者建立了一个由一阶时空导数组成的 3×3 矩阵并用高斯加权函数求平均值：

$$\boldsymbol{\mu} = g\left(\cdot; \sigma_i^2, \tau_i^2\right) * \begin{pmatrix} L_x^2 & L_x L_y & L_x L_t \\ L_x L_y & L_y^2 & L_y L_t \\ L_x L_t & L_y L_t & L_t^2 \end{pmatrix}. \tag{7-3}$$

然后，计算矩阵 $\boldsymbol{\mu}$ 的三个特征值，得到 Harris 角函数在时空域上的表达式：

$$\boldsymbol{H} = \det(\boldsymbol{\mu}) - k \cdot \operatorname{trace}^3(\boldsymbol{\mu}) = \lambda_1 \lambda_2 \lambda_3 - k\left(\lambda_1 + \lambda_2 + \lambda_3\right)^3, \tag{7-4}$$

通过计算 $\boldsymbol{H}$ 的最大正值，可以得到时空关键点。

2. Cuboids

立方体（Cuboids）[2] 特征提取分为四个过程：特征检测、立方体生成、立方体原型生成和最终行为描述符生成。特征检测过程用于找到以下函数的局部最大点：

$$R = (I * g * h_{\mathrm{ev}})^2 + (I * g * h_{\mathrm{od}})^2, \tag{7-5}$$

其中：

$$g(x, y; \sigma) = \frac{1}{2\pi\sigma^2} \mathrm{e}^{\frac{-\left(x^2 + y^2\right)}{2\sigma^2}},$$

$$h_{\mathrm{ev}}(t; \tau, \omega) = -\cos(2\pi t\omega)\mathrm{e}^{-\frac{t^2}{\tau^2}},$$

$$h_{\mathrm{od}}(t; \tau, \omega) = -\sin(2\pi t\omega)\mathrm{e}^{-\frac{t^2}{\tau^2}}.$$

获得特征点后，生成以特征点为中心的立方体。随后，对立方体进行转换，将转换后的立方体缩放为向量，并采用 PCA 方法降低维度以生成立方体特征描述符。对立方体特征描述符采用 K-means 方法生成立方体原型，用于生成行为描述符。

最常用的人工标注的局部视频描述符包括方向梯度直方图（Histogram of Oriented Gradient，HOG）[4]、光流直方图（Histogram of Optical Flow，HOF）[5] 和运动边界直方图（Motion Boundary Histogram，MBH）[6]。方向梯度直方图 [7] 捕捉图像的边缘或梯度结构。对所有区块区域的归一化单元直方图的联合向量进行归一化处理是方向梯度直方图描述符的最终计算过程。方向梯度直方图描述符的优势在于它可以反映局部形状，这对检测图像中的人物具有重要意义。

光流直方图描述符与方向梯度直方图相似，它在光流方向上进行加权统计分析，以获得光流方向信息的直方图，通常被用于动作识别，如图 7-1 所示。

运动边界直方图描述符将 X 方向和 Y 方向的光流图像视为两幅灰度图像，并提取这些灰度图像的梯度直方图。具体来说，光流直方图特征在图像的 X 方向和 Y 方向上计算方向梯度直方图特征。光流直方图特征提取移动物体的边界

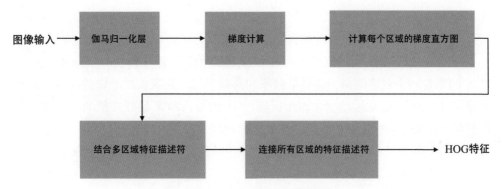

图 7-1　方向梯度直方图特征提取

信息，可用于行人检测应用。此外，光流直方图特征的计算较为简单和方便。如图 7-2 所示，从左到右依次为原始图像、光流、流场的梯度大小和运动边界直方图描述符的平均值。

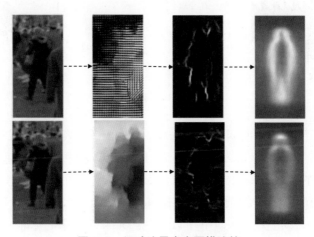

图 7-2　运动边界直方图描述符

综上所述，上述三种局部视频描述符是最常用的特征。方向梯度直方图是在图像领域中计算的，因此是一种空间特征；而方向梯度直方图和光流直方图是在光流图像上计算的，因此是一种时间特征。

7.2　数据驱动的深度学习的视频特征表示

深度学习（Deep Learning）特征方法旨在使用从包含标注数据的大型数据集中训练出来的深度神经网络，自动学习原始视频的语义表示。与人工标注方法相比，数据驱动的深度学习方法类似于一个包含大量参数和复杂结构的黑箱。本节将介绍几种用于视频表征的高效数据驱动深度学习特征。

Feichtenhofer 等人[8] 提出了一种 SlowFast 网络，用于捕获时空特征。Slow-Fast 网络是一个双流网络，包括低帧率和高帧率流。在灵长类动物的视网膜神经节细胞中，80% 是对运动变化做出反应的 P 细胞，20% 是处理精细空间和颜色信息的 M 细胞。考虑到这一点，SlowFast 网络设计了一个慢路径和一个快路径，分别捕获空间特征和时间特征。最后，将两种信息串联起来，用全连接层进行分类，如图 7-3 所示。

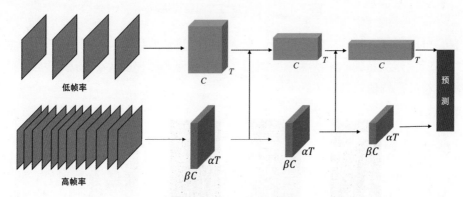

图 7-3　SlowFast 网络

Diba 等人[9] 提出了时间 3D-ConvNet 来生成视频表示并完成视频分类任务。时间过渡层（Tmporal Transition Layer，TTL）可以在更短或更远的范围内有效地建模可变时序 3D 卷积核，它可以取代 DenseNet 中的标准过渡层。随后，基于 DenseNet 结构构建了一个时间 3D ConvNet（Tmporal 3D ConvNet，T3D），它用 3D 卷积替换 2D 卷积，并使用 TTL 替换 DenseNet 中的标准过渡层。T3D 虽然在小数据集上表现出了出色的性能，但其参数量是 DenseNet3D 的 1.3 倍。因此，人们使用迁移学习（Transfer Learning）方法将二维卷积网络的权重迁移到三维卷积网络，以减少参数量，如图 7-4、图 7-5 和图 7-6 所示。

图 7-4　时间 3D ConvNet

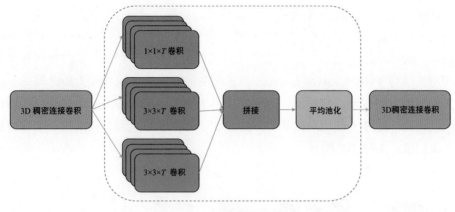

图 7-5 3D 时间过渡层

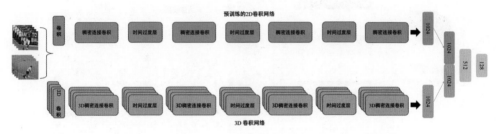

图 7-6 从 2D-ConvNet 到 3D-ConvNets 的结构

7.3 视频表征的自监督学习

基于监督学习方法的视频表征方法成本很高。监督学习需要对视频的每个帧进行细化标注。此外，训练不同的行动需要新的标注来提供监督学习信号。因此，视频表征的自监督学习（Self-supervised Learning）方法被提出。

Dwibedi 等人[10] 提出了一种时间循环一致性（Tmporal Cycle-Consistency，TCC）学习的自监督学习方法。时间循环一致性的关键概念是通过循环一致性原则从多个视频中找到相同的动作。该算法的目标是训练一个有效的帧编码器，以获得相应动作的表示。训练过程如下所述：两个视频用于训练，其中一个视频作为参考视频；对参考视频中的一帧进行编码，以找到另一个视频中最相似的帧，随后使用该帧识别参考视频中最类似的帧；如果学习的嵌入空间具有循环一致性，则该帧应与参考帧相同。该模型的训练过程通过不断提高对每个视频帧的语义理解以降低循环一致性误差。由于该方法可以有效地学习视频的转移表达，因此可以广泛应用于小样本视频动作分类、无监督视频对齐、多模态传输和逐帧视频检索等领域。

Wang 等人[11] 受电影制作中蒙太奇技术的启发，通过速度预测，以自监督的方式学习视频表征的新视角。首先，训练片段使用三种速度生成：慢速、正常速度和快速。然后，通过 3D-CNN 提取训练片段的时空特征。最后，同时使用速度预测和对比学习（Contrastive Learning），将两种损失的加权和作为最终损失。该论文的主要贡献在于，它提出了自监督学习中视频表征学习的一个新视角，即视频速度预测。此外，使用对比学习方法进一步规范学习过程，帮助模型学习高层次语义信息，如图 7-7 所示。

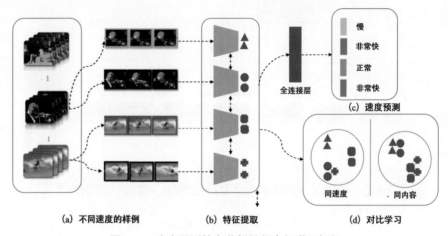

图 7-7 速度预测的自监督视频表征学习框架

参考文献

[1] LAPTEV I. On space-time interest points. Proceedings Ninth IEEE International Conference on Computer Vision. Nice, France:IEEE, 2005, 64(2): 107-123.

[2] DOLLÁR P, RABAUD V, COTTRELL G, et al. Behavior recognition via sparse spatio-temporal features. 2005 IEEE International Workshop on Visual Surveillance and Performance Evaluation of Tracking and Surveillance. Beijing, China: IEEE, 2005: 65-72.

[3] WANG H, SCHMID C. Action recognition with improved trajectories. Proceedings of the IEEE international conference on computer vision. Sydney, NSW, Australia: IEEE, 2013: 3551-3558.

[4] DALAL N,TRIGGS B. Histograms of oriented gradients for human detection. 2005 IEEE computer society conference on computer vision and pattern recognition (CVPR'05), volume 1, pages 886-893. Ieee, 2005.

[5] LAPTEV I, MARSZALEK M, SCHMID C, et al. Learning realistic human actions from movies. 2008 IEEE Conference on Computer Vision and Pattern Recognition. Anchorage, AK, USA: IEEE, 2008: 1-8.

[6] DALAL N, TRIGGS B, SCHMID C. Human detection using oriented histograms of flow and appearance. European conference on computer vision. Berlin, Heidelberg: Springer, 2006: 428-441.

[7] BOBICK A F,DAVIS J W. The recognition of human movement using temporal templates. IEEE Transactions on pattern analysis and machine intelligence, 2001, 23(3): 257-267.

[8] FEICHTENHOFER C, FAN H, MALIK J, et al. Slowfast networks for video recognition. Proceedings of the IEEE/CVF international conference on computer vision. IEEE International Conference on Computer Vision, 2019: 6202-6211.

[9] DIBA A, FAYYAZ M, SHARMA V, et al. Temporal 3d convnets: New architecture and transfer learning for video classification. arXiv preprint arXiv:1711.08200, 2017.

[10] DWIBEDI D, AYTAR Y, TOMPSON J, et al. Temporal cycle-consistency learning. Proceedings of the IEEE/CVF Conference on Computer Vision and Pattern Recognition, Long Beach, CA, USA: IEEE, 2019: 1801-1810.

[11] WANG J L, JIAO J B, LIU YH. Self-supervised video representation learning by pace prediction. European conference on computer vision. Berlin, Heidelberg: Springer, 2020: 504-521.

[12] WANG H, KLÄSER A, SCHMID C, et al. Dense trajectories and motion boundary descriptors for action recognition. International journal of computer vision. International Journal of Computer Vision, 2013, 103(1): 60-79.

[13] WANG L M, QIAO Y, TANG X O. Action recognition with trajectory-pooled deep-convolutional descriptors. Proceedings of the IEEE conference on computer vision and pattern recognition. Boston, MA, USA: IEEE, 2015: 4305-4314.

第 8 章
CHAPTER 8

视频问答

视频问答任务于 2014 年首次被提出，是一项比经典视觉（静态图像）问答更复杂的任务。在视频问答任务中，数据集和模型都是研究的关键。因此，本章首先介绍一些最常用的视频问答数据集，这些数据集的表征范围从物理对象到现实世界，随后介绍几种基于编码器-解码器结构的模型。

8.1 简介

视频问答任务的主要目标是学习一个模型，为此需要理解视频和问题中的语义信息及其语义相关性，以推断给定问题的正确答案[1]。视频问答可以分为很多子任务，包括视频定位、目标检测、特征提取、多模态融合和分类。模型 $f(v, q, a; \theta)$ 的输入定义如下：视频被表示为 $v \in \boldsymbol{V}$，问题被表示为 $q \in \boldsymbol{Q}$，模型输出的答案被表示为 $a \in \boldsymbol{A}$。因此，学习过程中的目标函数定义为

$$\min_{\theta} L(\theta) = L_{\theta} + \lambda ||\theta||^2, \tag{8-1}$$

式中，θ 表示模型参数；L_{θ} 表示损失函数；λ 表示训练损失和正则化之间的权衡参数。如何训练模型参数 θ 让模型回答问题是解决视频问答任务的关键。

可以使用各种指标来评估模型性能。与答案预测有关的一般性能的评估指标是准确率和 WUPS[2]。时间平均交并比[3] 是一个评估跨度预测的细粒度度量（与答案相关的时间跨度）。此外，答案-跨度联合准确度（Answer-Span joint Accuracy，ASA）可联合评估答案预测和跨度预测[2]。

8.2 数据集

通过对视频问答任务的大量研究，人们已经建立了许多数据集。我们可以根

据问题的复杂性和必要的推理步骤,对现有的典型视频问答任务数据集进行分类。某些数据集中的问题只需要单步推理,例如,"是什么"和"怎么样"的问题。其他数据集涉及更复杂的问题,例如"穿过门口后,他们与哪个物体进行了互动",这需要多步推理。此外,根据视频来源,数据集可以分为电影类型、电视类型、TGIF 类型、几何类型、游戏和卡通类型。因此,在每个类中,我们按照视频源的顺序介绍数据集。

8.2.1 多步推理数据集

TVQA [3] 是一个大规模的组合视频问答数据集,基于 6 个热门的电视节目,涵盖 3 种类型:医疗剧、情景喜剧和犯罪剧。该数据集包含来自 21,793 个片段的 152,545 个问答对,视频时间跨度超过 460 小时。TVQA 中的视频片段相对较长(60~90s),使得视频理解具有挑战性。除了问答对,TVQA 还提供了每个视频片段的对话(角色和字幕)。TVQA 中的问题采用组合式格式:[What/How/Where/Why/...] 与 [when/before/after] 相结合。第二部分定位视频中最相关的帧,第一部分就相关帧提出问题。TVQA 的一个关键特性是提供时间戳标注,表明回答每个问题所需的最小跨度(上下文)。

TVQA+ [4] 是 TVQA 的增强版本。虽然 TVQA 为每个问题提供时间戳标注,但它缺乏空间标注,即对象和人物的边界框。TVQA+ 从每个跨度中每两秒采样一帧以进行空间标注,并为问题中提到的视觉概念和数据集的正确答案添加逐帧边界框。总体而言,TVQA+ 包含 148,468 张图像,标注了 310,826 个边界框,如图 8-1 和图 8-2 所示。

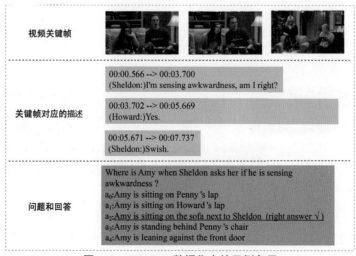

图 8-1　TVQA 数据集中的示例条目

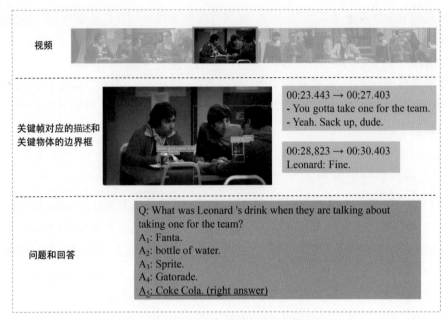

图 8-2　TVQA+ 数据集中的示例条目

SVQA[5] 是一个大规模自动生成的数据集。该数据集包含 12,000 个视频和 118,680 个问答对。SVQA 使用 Unity3D 生成每个视频，附带一个 JSON 文件，记录每个相关几何体的属性和位置。SVQA 中的问题由预定义的问题模板生成。问题的主要特性是长度较长，并具有关于对象之间各种空间和时间关系的构成特性。SVQA 中的问题可以分解为逻辑树或链式布局，其中每个节点都可以视为需要进行推理操作的子任务，即过滤器形状，如图 8-3 所示。

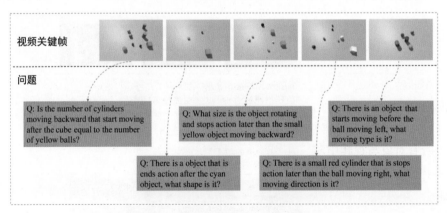

图 8-3　SVQA 数据集中的示例条目

CLEVRER[6] 是一个诊断视频数据集，用于对各种推理任务的计算模型进行系统评估。CLEVRER 包括 20,000 个物体碰撞的合成视频和超过 300,000 个问题和答案。视频由物理引擎生成,包括三种形状、两种材质、八种颜色和三种类型的事件:进入、退出和碰撞。该数据集提供对象属性、事件标注和对象运动轨迹并作为标注。CLEVRER 包括四种类型的问题:描述性问题(例如"什么颜色")、解释性问题(例如"什么原因")、预测性问题(例如"接下来会发生什么")和反事实性问题(例如"假设"),共有 219,918 个描述性问题、33,811 个解释性问题、14,298 个预测性问题和 37,253 个反事实性问题。每个问题都由一个树形结构的函数式程序表示,如图 8-4 所示。

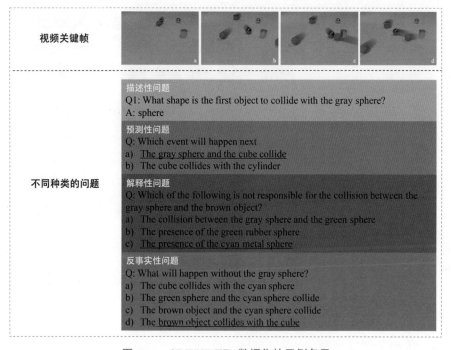

图 8-4   CLEVRER 数据集的示例条目

AGQA [7] 是一个用于评估组合时空推理能力的基准数据集。该数据集包含与 9,600 个视频相关的平衡的 390 万个问答对和不平衡的 1,920 万个问答对。视频源来自 Charades,标注来自 Charades' action 标注和动作基因组时空场景图,它们将所有对象与视频中的边界框和带有时间戳的动作结合起来。问题是由在这些标注上运行的人工程序生成的。此外,AGQA 提供了三个新的组合时空分割——新组合、间接指代和附加组合步骤——用于测试模型的推理能力。AGQA 是一个极具挑战性的基准测试,原因在于它建立在真实的视频数据源之上,并由复杂的问题模板生成。

Traffic QA [8] 是复杂交通场景中因果推理和事件理解模型的认知能力的诊断基准。该数据集包含 10,080 个野外视频和 62,535 个带标注的问答对。Traffic QA

提出了 6 项具有挑战性的交通相关推理任务，即基本理解（Basic understanding）、
事件预测（Event forecasting）、逆向推理（Reverse reasoning）、反事实推理
（Counterfactual inference）、自省（Introspection）和归因（Attribution），如
图 8-5 所示。

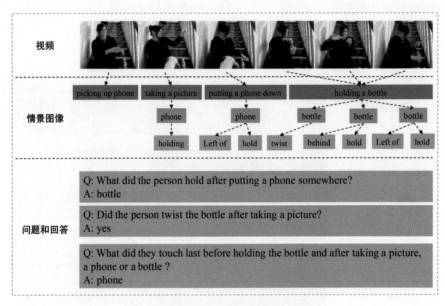

图 8-5　AGQA 数据集的样本条目

问答对是由与上述 6 项任务相关的标注员设计的。问题的平均长度为 8.6 个
单词。该数据集需要不同程度的时空理解和因果推理能力。

8.2.2　单步推理数据集

Movie QA [9] 是一个数据集，旨在评估从视频和文本中自动理解故事的能力。
该数据集包含关于 408 部电影的 14,944 个问题。数据集的一个关键属性是它包含
视频剪辑、情节、字幕、脚本和 DVS。此外，对于 408 部电影中的 140 部（14,944
个问答对中的 6,462 个），数据集有时间戳注释，表明问题和回答的位置。选择题
包含谁？做了什么？对谁做了什么？为什么？如何？发生了某些事件。选择题有 4
个错误答案和 1 个正确答案。问题和回答的平均长度分别约为 9 个和 5 个单词。

ActivityNet-QA [10] 是一个完全标注的大规模 VideoQA 数据集。该数据集由
来自广受欢迎的 ActivityNet 数据集中的 5,800 个复杂网络视频的 58,000 个问答
对组成，包含大约 20,000 个未修剪的网络视频，代表 200 个动作类别。ActivityNet-
QA 包括三种类型的问题，涉及运动、空间关系和时间关系。为避免问答对的不

正确表示，问题最大长度限制为 20 个单词，而答案最大长度限制为 5 个单词。问答对由问题标注员和答案标注员分开设计，以确保数据集的高质量。

TGIF-QA [11] 是一个大型数据集，包含从 56,720 个 GIF 动画中收集的 103,919 个问答对。TGIF-QA 涉及四种类型的任务：第一，重复计数，有 11 个可能的答案，从 0 到 10+；第二，重复动作，多选题形式，每个问题有 5 个可能的答案；第三，状态转换，查询某些状态的转换；第四，Frame QA，可通过视频中的一个帧来回答，问题是根据几个人工设计的模板自动生成的，如图 8-6 所示。

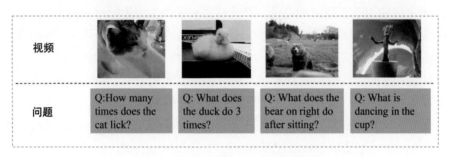

图 8-6　TGIF-QA 数据集的示例条目

MarioQA [12] 是一个使用超级马里奥游戏视频及其日志的事件合成数据集。数据集中的每个条目都由一个包含多个事件的 240×20 视频片段和一个带有答案的问题组成。从 13h 的游戏中总共收集了 187,757 个示例。存在 92,874 个独特的问答对，每个视频片段平均包含 11.3 个事件。问答对是根据 11 个不同的事件生成的：杀、死、跳、命中、破坏、出现、射击、投掷、踢、拿和吃。生成的问题分为三种类型：以事件为中心的问题、计数问题和状态问题。数据集包含三个具有不同时间关系的子集：没有时间关系的问题（NT）、具有简单时间关系（ET）的问题、具有硬时间关系 (HT) 的问题。

特别地，NT、ET 和 HT 分别与整个视频中具有时间关系的唯一事件、全局唯一事件和干扰事件的查询有关。值得注意的是，该数据集是为推理时间依赖性和理解视频事件之间的时间关系而设计的。

PororoQA [13] 是一个基于儿童卡通视频系列建立的数据集。该数据集包含 20.5h 视频中的 16,066 个场景对话对、27,328 个用于场景描述的细粒度句子和 8,913 个与故事相关的问答对。由于视频源是儿童卡通片，因此该数据集的背景比影视作品更简单，事件更清晰，便于理解视频。视频系列包含 171 集，视频的平均长度为 7.2min。描述语句和问答对已由 Amazon Mechanical Turk（AMT）平台的标注者人工收集。数据集包含 11 类问题：行动、人物、摘要、细节、方法、原因、地点、陈述、因果关系、是/否、时间。场景描述的平均长度为 13.6 个单词。

8.3　使用编码器−解码器结构的传统视频时空推理

视频问答的核心是视频时空推理，其基本流程可以描述如下。首先，视频被表示为不同层次的特征，包括对象级、帧级和片段级特征。对于对象级特征提取，大多数研究人员采用 Faster R-CNN 检测视频的局部。帧级特征是全局视觉信息的粗粒度表示，它比对象级特征（例如场景）捕获更多信息，ResNet 和 VGGNet 被广泛用于提取此类特征。片段级特征捕获由多个帧（例如动作）传达的信息，C3D 网络经常用于提取此类特征。其次，文本被表示为不同级别的特征，包括句子和单词级别的特征。Word2vec 和 GloVe 等词嵌入技术被广泛用于提取词级特征，而 skip-thought 和 BERT 用于提取句子级特征。在获得视觉和文本特征后，模型对输入特征进行视频时空推理，从而获得上下文表示。最后，将上下文表示输入答案生成单元，该单元通常是判别式或多分类模型。

由于视频和问题天然是序列格式，因此广泛用于机器翻译应用的编码器-解码器模型可以有效地实现视频时空推理。

Zhu 等人 [14] 使用 GRU 学习视频的时序结构，并设计了双通道排序损失来回答多项选择题。如图 8-7 所示，作者首先设计了三个编码器-解码器模型来学习输入帧的过去、现在和未来的表示，并分别训练这三个模型。在这种情况下，编码器-解码器模型的主要目的是重建输入帧，以确保编码器能够更好地表示帧。解码器的结构类似于编码器的结构。随后，作者设计了一种双通道排序损失来计算问题的视觉上下文表示与候选内容之间的相似度，可以表示为

$$\text{Loss} = \min_{\theta} \sum_{v} \sum_{j \in K, j \neq j'} \lambda \ell_{\text{word}} + (1 - \lambda) \ell_{\text{sent}}, \lambda \in [0, 1], \tag{8-2}$$

$$\ell_{\text{word}} = \max\left(0, \alpha - \boldsymbol{v_p}^\top \boldsymbol{p_{j'}} + \boldsymbol{v_p}^\top \boldsymbol{p_j}\right), \tag{8-3}$$

$$\ell_{\text{sent}} = \max\left(0, \beta - \boldsymbol{v_s}^\top \boldsymbol{s_{j'}} + \boldsymbol{v_s}^\top \boldsymbol{s_j}\right), \tag{8-4}$$

式中，$\boldsymbol{v_p} = W_{vp}\boldsymbol{v}$，$\boldsymbol{v_s} = W_{vs}\boldsymbol{v}$，$\boldsymbol{p_j} = W_{pv}\boldsymbol{y_j}$，$\boldsymbol{s_j} = W_{sv}\boldsymbol{z_j}$；$\boldsymbol{v}$ 是从编码器-解码器模型中学习到的视觉表示；y 和 z 是文本表示。最终答案是相似度最高的候选答案。其他研究人员 [14] 仅使用门控循环单元实现视频的时间推理。在这个结构中，模型可以长时间捕获视频的信息。然而，答案生成和视频表示是分开训练的，因此推理文本和视频之间关系的能力较差。

尽管上述研究人员使用了基本的编码器-解码器结构，但无法实现文本和视觉信息之间的推理。某些研究人员在编码器或解码器中对模型添加了简单的注意力机制，以研究不同模态信息之间的关系。

Lei 等人 [3] 提出了一种多流端到端可训练的神经网络。该模型将不同的上下

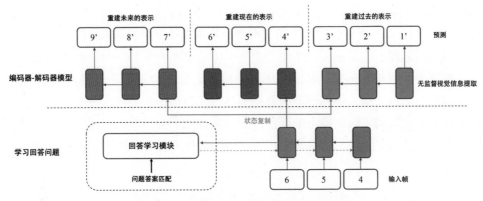

图 8-7　编码器-解码器模型和学习回答问题

文资源，包括区域视觉特征、视觉概念特征和字幕，以及问答对作为每个流的输入。该视频由三个特征表示：区域视觉特征，即 Faster R-CNN 在每帧中检测到的 top-K 区域；视觉概念特征，即检测到的标签，包括对象和属性；ImageNet 特征，由 ResNet101 提取。

　　包括文本和视觉信息在内的所有序列信息都使用双向 LSTM 进行编码，其中隐藏状态被串联起来作为视觉和文本表示。随后，采用上下文匹配模块，即上下文查询注意力层，生成基于视频的问题表示和基于视频的答案表示，将其融合为回答生成层的上下文输入。在另一种方法[3]中，研究人员充分利用了多模态信息，如图 8-8 所示，丰富了上下文表示。此外，上下文匹配单元在文本信息和视觉信息之间产生了更丰富的关系。

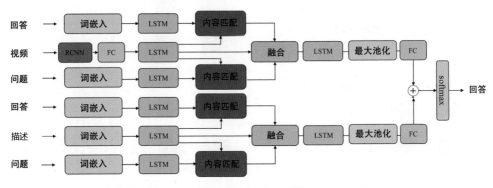

图 8-8　多模态模型

　　Jang 等人[11] 提出了一种基于双 LSTM 模型的空间和时间注意力框架。如图 8-9 所示，首先，通过在 ImageNet 2012 分类数据集上预训练的 ResNet 和在 Sport1M 数据集上预训练的 C3D 提取帧级和序列级视频特征，将它们串联起来作为视觉表示。问题和回答作为两个序列嵌入。三个双 LSTM 被用作视觉、问题和回答表示的单独编码器。在将视觉表示输入 LSTM 之前，采用了一个注意力单元，如图 8-10 左侧所示，它将编码文本表示和视觉特征结合起来，以确定帧中哪些区域与问题和回答最相关。此外，如图 8-10 右侧所示，另一个注意力单元用于学习视频中必须检查的帧，从而考虑具有编码文本表示的双 LSTM 中的序列视觉隐藏状态。由于用于训练模型的数据集具有三种类型的答案——多选、开放式数字和开放式单词，因此提出的模型特别训练了三个解码器以生成答案，同时使用了两个注意力单元来对与问答对相关的视频信息进行时空推理。

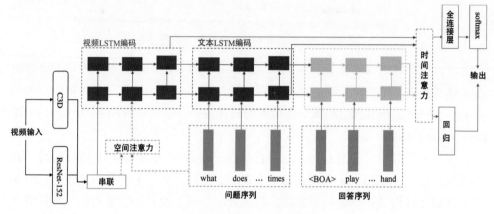

图 8-9   ST-VQA 模型

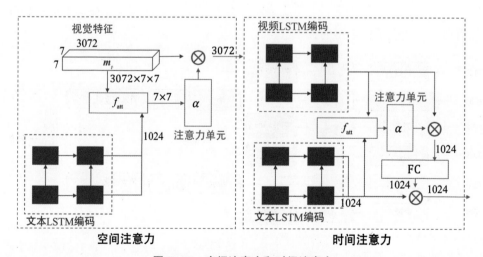

图 8-10   空间注意力和时间注意力

Xue 等人[15] 提出了一组模型，如图 8-11 所示，包括以下三个模型：一个序列视频注意力模型，如图 8-11 左上部分所示；一个时间问题注意力模型，如图 8-11 右上部分所示；一个用于生成答案的解码器，如图 8-11 底部所示。

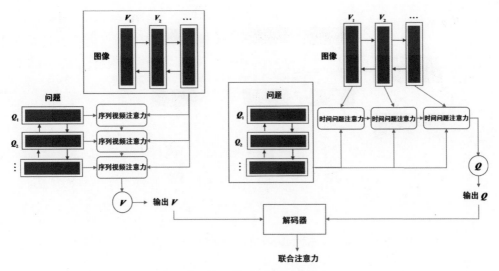

图 8-11　统一注意力模型

　　序列视频注意力模型和时间问题注意力模型采用双重模式。序列视频注意力模型考虑的是由 LSTM 编码的视频表示与来自 LSTM 的一系列问题隐藏状态，最终的累积表示是该模型的视觉编码。输出 $\boldsymbol{V} = \boldsymbol{r}(T)$ 可表示为

$$\boldsymbol{r}(i) = \boldsymbol{y}_v^{\top} \boldsymbol{s}_v(i) + \tanh\left(\boldsymbol{V}_{rr}\boldsymbol{r}(i-1)\right), \quad 1 \leqslant i \leqslant T \tag{8-5}$$

$$s(i,j)_v \propto \exp\left(\boldsymbol{W}_{cs}^{\top}\boldsymbol{c}(i,j)\right), \tag{8-6}$$

$$\boldsymbol{c}(i,j) = \tanh\left(\boldsymbol{W}_{vc}\boldsymbol{y}_v(j) + \boldsymbol{U}_{qc}\boldsymbol{y}_q(i) + \boldsymbol{V}_{rc}\boldsymbol{r}(i-1)\right), \tag{8-7}$$

式中，$\boldsymbol{y}_v(j)$ 是第 j 帧特征；$\boldsymbol{y}_q(i)$ 是第 i 个文本特征。时间问题注意力模型考虑的是由 LSTM 编码的问题表示与来自 LSTM 的一系列视频隐藏状态，最终表示为该模型的文本编码。输出 $\boldsymbol{q} = \boldsymbol{w}_T$ 可以表示如下：

$$w(j) = \boldsymbol{y}_q^{\top} \boldsymbol{s}(j)_t + \tanh\left(\boldsymbol{V}_{ww}\boldsymbol{w}(j-1)\right), \quad 1 \leqslant j \leqslant N \tag{8-8}$$

$$s(j,i)_t \propto \exp\left(\boldsymbol{U}_{cs}^{\top}\boldsymbol{c}(j,i)\right), \tag{8-9}$$

$$\boldsymbol{c}(j,i) = \tanh\left(\boldsymbol{W}_{qc}\boldsymbol{y}_q(i) + \boldsymbol{U}_{vc}\boldsymbol{y}_v(j) + \boldsymbol{V}_{wc}\boldsymbol{w}(j-1)\right). \tag{8-10}$$

　　随后，两种类型的编码被融合并输入解码器中，这是一个两层的 LSTM，以生成开放式回答序列。

　　Zhao 等人 [16] 提出了一种具有多步推理过程的分层时空注意力编码器-解码器学习方法，以实现开放式视频问答。如图 8-12 所示，首先，开发了一个多步时空注意力编码器网络，学习视频和问题的上下文表示。与引入的模型类似，在每个步骤中，模型使用空间注意力模型定位与问题有关的每个帧中的目标区域。

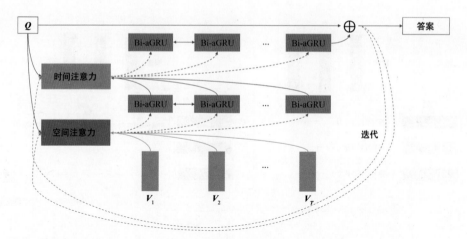

图 8-12　通过分层时空注意力编码器-解码器学习框架进行开放式视频问答

对于第 j 帧中的第 i 个对象，空间注意力分数 $s_{ji}^{(s)}$ 定义为

$$s_{ji}^{(s)} = \boldsymbol{w}^{(s)} \tanh\left(\boldsymbol{W}_{qs}\boldsymbol{q} + \boldsymbol{W}_{fs}\boldsymbol{f}_{ji} + \boldsymbol{b}_s\right). \tag{8-11}$$

随后，空间关注的帧表示为

$$\boldsymbol{v}_j^{(s)} = \sum_i \alpha_{ji}\boldsymbol{f}_{ji}, \tag{8-12}$$

$$\alpha_{ji} = \frac{\exp\left(s_{ji}^{(s)}\right)}{\sum_i \exp\left(s_{ji}^{(s)}\right)}. \tag{8-13}$$

当存在冗余和多帧时，对相关视频帧进行定位非常重要。时间注意力模型可用于定位视频中的目标帧。s_{th} 隐藏状态的相关分数表示为

$$s_j^{(t)} = \boldsymbol{w}^{(t)} \tanh\left(\boldsymbol{W}_{qt}\boldsymbol{q} + \boldsymbol{W}_{ht}\boldsymbol{h}_j^{(s)} + \boldsymbol{b}_t\right). \tag{8-14}$$

最后，aGRU 通过以下方式更新当前隐藏状态：

$$\boldsymbol{h}_j^{(t)} = \beta_j \odot \tilde{\boldsymbol{h}}_j^{(t)} + (1 - \beta_j) \odot \boldsymbol{h}_{j-1}^{(t)}, \tag{8-15}$$

$$\beta_j = \frac{\exp\left(s_j^{(t)}\right)}{\sum_j \exp\left(s_j^{(t)}\right)}. \tag{8-16}$$

根据上述过程，可以将相关视频帧的信息嵌入隐藏状态中。为了学习更好的视觉和文本表示，表示会按照更新公式递归更新。

Zhao 等人[17] 提出了一种自适应分层强化编码器-解码器网络，用于解决长视频问答任务。带有二元门函数的自适应递归神经网络（RNN）对 ConvNet 提取的帧级特征进行分段，并决定是否必须将时间戳 t 处的隐藏状态和记忆单元转移到下一个时间戳 $t+1$。二元门函数在编码过程中分割帧级特征，计算 γ_t 以确定时间戳 t 的隐藏状态和时间戳 $t+1$ 的视觉表示之间的相似性。给定具有二元门函数值的语义表示 $\{h_1, h_2, \cdots, h_N\}$，学习联合关注问题的视频片段表示 $\{\gamma_1, \gamma_2, \cdots, \gamma_N\}$，然后将其输入片段级 LSTM 网络以生成语义表示 $\{h_1^s, h_2^s, \cdots, h_K^s\}$。解码器被设计为一个强化神经网络，它根据语义和问题表示之间的相似性生成开放式答案。其主要贡献包括开发了一种自适应分层编码器来学习片段级的问题感知视频表示，并制定一种强化解码器来生成答案，如图 8-13 所示。

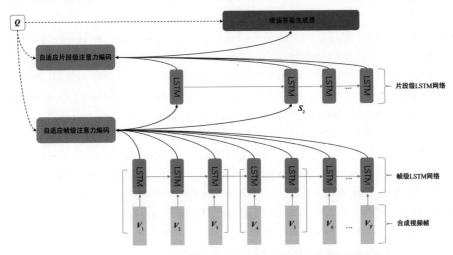

图 8-13　基于自适应分层强化的开放式长视频问答网络结构

如前所述，传统的视频时空推理使用编码器-解码器结构作为基本结构。虽然已经应用了其他技术，例如注意力机制，但无法设计详细的注意力结构，也就无法探索与多模态信息相关的更深层次的关系。

参考文献

[1] SUN G L, LIANG L L, LI T L, et al. Video question answering: a survey of models and datasets. Mobile Networks and Applications. Berlin, Heidelberg: Springer, 2021,26(5): 1904-1937.

[2] MALINOWSKI M, FRITZ M. A multi-world approach to question answering about real-world scenes based on uncertain input. Advances in neural information processing systems. Cambridge, MA, USA: MIT Press, 2014, 27: 1682-1690.

[3] LEI J, YU L, BANSAL M, et al. Tvqa: Localized, compositional video question answering. arXiv preprint arXiv:1809.01696, 2018.

[4] LEI J, YU L CH, BERG T L, et al. Tvqa+: Spatio-temporal grounding for video question answering. arXiv preprint arXiv:1904.11574, 2019.

[5] SONG X M, SHI Y CH, CHEN X, et al. Explore multi-step reasoning in video question answering. Proceedings of the 26th ACM international conference on Multimedia New York, NY, USA: Association for Computing Machinery, 2018: 239-247.

[6] YI K X, GAN C, LI Y ZH, et al. Clevrer: Collision events for video representation and reasoning. arXiv preprint arXiv:1910.01442, 2019.

[7] GRUNDE-MCLAUGHLIN M, KRISHNA R, AGRAWALA M. Agqa: A benchmark for compositional spatio-temporal reasoning. Proceedings of the IEEE/CVF Conference on Computer Vision and Pattern Recognition. Nashville, TN, USA: IEEE, 2021: 11287-11297.

[8] XU L, HUANG H, LIU J. Sutd-trafficqa: A question answering benchmark and an efficient network for video reasoning over traffic events. Proceedings of the IEEE/CVF Conference on Computer Vision and Pattern Recognition. IEEE Press, 2021: 9878-9888.

[9] WANG B, XU Y, HAN Y, et al. Movie question answering: Remembering the textual cues for layered visual contents.// Thirty-Second AAAI Conference on Artificial Intelligence. AAAI Press, 2018: 7380-7387.

[10] YU Z, XU D J, YU J, et al. Activitynet-qa: A dataset for understanding complex web videos via question answering. Proceedings of the AAAI Conference on Artificial Intelligence. Palo Alto, California USA: AAAI Press, 2019, 33(01): 9127-9134.

[11] JANG Y, SONG Y, YU Y, et al. Tgif-qa: Toward spatio-temporal reasoning in visual question answering. Proceedings of the IEEE conference on computer vision and pattern recognition. Honolulu, HI, USA: IEEE, 2017: 2758-2766.

[12] MUN J, SEO P H, JUNG I, et al. Marioqa: Answering questions by watching gameplay videos. Proceedings of the IEEE International Conference on Computer Vision. Venice, Italy: IEEE, 2017: 2867-2875.

[13] KIM K M, HEO M O, CHOI S H, et al. Deepstory: Video story qa by deep embedded memory networks. arXiv preprint arXiv:1707.00836, 2017.

[14] ZHU L CH, XU ZH W, YANG Y, et al. Uncovering the temporal context for video question answering. International Journal of Computer Vision. Kluwer Academic Publishers, 2017, 124(3):409-421.

[15] XUE H Y, ZHAO Z, CAI D. Unifying the video and question attentions for open-ended video question answering. IEEE Transactions on Image Processing. IEEE Press, 2017, 26(12): 5656-5666.

[16] ZHAO ZH, YANG Q F, CAI D, et al. Video question answering via hierarchical spatio-temporal attention networks. Proceedings of the Twenty-Sixth International Joint Conference on Artificial Intelligence. IJCAI, 2017: 3518-3524.

[17] ZHAO Z, ZHANG ZH, XIAO S W, et al. Open-ended long-form video question answering via adaptive hierarchical reinforced networks. Proceedings of the 27th International Joint Conference on Artificial Intelligence. Palo Alto, California USA: AAAI Press, 2018,3: 4.

第 9 章
CHAPTER 9

视频问答的高级模型

第 8 章介绍了几种基于编码器-解码器结构的视频问答任务的传统模型。然而，除此之外，还有其他一些模型也具有良好的结构和性能。本章将这些模型分为四类——时空特征注意力、记忆网络、时空图神经网络和多任务预训练，并重点讨论前三类模型的特点。

9.1 时空特征注意力

如第 2 章所述，注意力模型[1] 是一个将查询和一组键值对映射到输出的函数，其中查询、键、值和输出是向量。在视频问答任务中，视觉和文本表示通常用作查询、键和值，以获得不同级别的关注问题的视频表示和视频关注的问题表示。第 8.3 节所述，模型通常对特征向量应用简单的时空注意力。本节将介绍采用更复杂的注意力结构进行更深入的推理的模型。

Xu 等人[2] 提出了一种端到端模型，该模型逐渐细化对问题视频的外观和运动特征的关注。首先进行特征提取，其中用 VGG 网络提取帧级特征，C3D 网络提取片段级特征和词级特征。该模型设计了一个名为注意力记忆单元（Attention Memory Unit，AMU）的注意力单元，它包含以下四个子单元：

（1）注意力机制（ATT）。将上下文表示与视觉特征进行对齐。

（2）通道融合机制（CF）。对帧级特征表示和片段级特征表示进行评分，并根据评分进行融合。

（3）记忆网络（LSTM）。使用以下三者的总和作为 LSTM 的输入，从而控制第二次注意力操作的输入并记住注意力历史：融合表示、词编码器的隐藏状态、注意力记忆单元在时间戳 $t-1$ 处产生的视觉表示 v_{t-1}。

（4）细化方法（REF）。对特征进行最终的注意力操作，以在时间戳 t 处获

得最终的视觉表示 v_t。

　　每个问题在每个时间戳处的每个单词都会被处理，单词编码器的词嵌入和隐藏状态将被输入 AMU 单元，直到所有单词都处理完毕，以生成最终的细化的上下文表示。最后，将上下文表示 v_T、问题记忆向量 c_7^q 和注意力记忆单元的记忆向量 c_7^a 输入 softmax 分类器中以生成答案。Xu 等人的研究 [2] 的贡献在于设计了一个注意力单元，它可以逐步细化对信息的注意力，从而识别更丰富的时空关系。

　　上述模型以类似的方式处理问题中的单词，模型无法在将单词输入模型之前区分这些单词。Xue 等人 [3] 提出了基于问句语法解析树的异构树结构记忆网络（HTreeMN）。HTreeMN 定义了两种类型的单词：视觉词汇，与视觉特征相结合；口头单词，其中前一个单词使用注意力模块处理，后一个单词不使用注意力模块处理。

　　首先，使用 StanfordParser 工具根据问题的语法结构建立一个解析树，其中，将以视觉词为子节点的节点当作视觉节点，将其他单词视为动词节点。在视觉节点中，在视频帧上产生时间注意力，并将输出传递给父节点。相反，动词节点执行线性操作。然后，整个网络以自下而上的方式进行处理，以生成上下文表示。最后，使用根节点中的 softmax 函数来辅助生成答案。

　　尽管上述模型使用单跳推理，但某些模型可以使用多跳推理来提取更丰富的上下文表示。Mun 等人 [4] 提出了一种包含三个组成部分的神经网络：问题嵌入、视频嵌入和分类网络。问题嵌入网络使用预训练的问题嵌入网络处理序列信息，视频嵌入网络使用三维全卷积网络生成视觉特征。除了传统的关注单步时空注意力的问题，Mun 等人 [4] 提出的方法利用了多步时空注意力机制，在时间戳 t 处问题关注的嵌入通过先前关注的嵌入进行细化。此外，帧级特征和全连接层的时空注意力被用于获得另外两种上下文表示。同时，作者设计了一种分类网络，利用三种表示的融合表示生成答案。

　　与多跳推理在时间注意力机制上的简单应用不同，某些研究人员在模型中更复杂的单元上使用多跳推理。Song 等人 [5] 提出了一种改进的 GRU，称为时间注意力门控循环神经网络（tmporal attention-GRU，ta-GRU），以捕获长期的时间依赖性并收集完整的视觉线索。ta-GRU 是一种改进的 GRU，其隐藏状态转移过程关注的是与问题相关的整个历史隐藏状态，并加强长期的时间依赖性。

　　Le 等人 [6] 提出了一种端到端的分层结构，由问题引导的视频表示层和生成答案的通用推理层组成。该模型包含以下三个组件：使用 CRN 的分层视频表示、带有 MAC 单元的视觉多步推理和答案解码器。

　　首先，视频被表示为片段级特征，每个片段由若干帧级特征组成。随后，将问题关注的片段级特征置于基于片段的关系网络（Clip-Based Relation Network，CRN）中，以生成不同片段之间的关系，片段的大小为 2 个、3 个和 4 个。随后，利用记忆-注意力-合成（Memory-Attention-Composition，MAC）网络对视频上下文表示进行多步推理。最后，根据问题类型采用回归或分类方法生成答案。Le 等人的工作 [6] 的主要贡献是提出了一个分层模型，它可以识别片段级时空关系。

Le 等人 [7] 设计了一种新的神经结构来识别非相邻关系，称为条件关系网络（Conditional Relation Network，CRN），它可以作为模型中的神经单元。条件关系网络的可重复使用计算单元将对象数组 S（如帧和片段）和条件特征 c 作为输入，并将输入的 k 元组条件关系输出，其中 $k = 1, 2, \cdots, n-1$，n 是输入数组的大小。随后，文献 [7] 在条件关系网络的基础上构建了分层条件关系网络（Hierarchical Conditional Relation Network，HCRN），该网络由片段级处理网络和视频级处理网络组成。对于片段级处理网络，每个片段都被一个以片段级运动和问题为条件的双层条件关系网络单元进行处理，而片段级网络的所有输出形成视频级网络的输入序列，被一个以视频级运动和提问为条件的双层条件关系网络单元进行处理。最后，将网络的上下文表示输入 softmax 函数中以生成答案。

上述方法采用 RNN 对序列信息进行编码。值得注意的是，这些模型非常耗时，无法轻松地对长期依赖关系进行建模。因此，一些研究人员使用自注意力机制代替 RNN。Li 等人 [8] 提出了一种新的结构，称为位置自注意力与协同注意力（Positional Self-Attention with Coattention，PSAC），它不需要 RNN 来回答视频问题。该结构由三个关键组件组成：基于视频的位置自注意力模块（Video-based Positional Self-Attention，VPSA）、基于问题的位置自注意力模块（Question-based Positional Self-Attention，QPSA）和视频-问题协同注意力模块（Video-Question Coattention，VQ-Co），其中前两个模块共享相同的位置自注意力结构。位置自注意力模型通过注意同一序列中的所有位置计算每个位置的权重分布，并添加绝对位置的表示。首先，该模型计算位置自注意力框架特征和自注意力文本特征。然后，关注视觉的文本表示和关注文本的视觉表示被连接起来，作为最终的上下文表示。最后，将网络的上下文表示输入 softmax 函数以生成答案。

许多模型从监督信息中自动学习所有知识，而其他模型根据视频内容和问题引用外部知识库。Jin 等人 [9] 开发了一种问题知识引导的渐进时空注意力网络，用于学习视频问答任务的联合视频表示。因为模型引用了外部知识库，它可以掌握训练过程中无法学习的知识（例如常识），所以其能力得以提高。

9.2 记忆网络

RNN 及其变体通常用于记忆序列信息，然而该框架可能无法提供长期信息，例如视频。如第 2 章所述，配备了更强大记忆功能的记忆网络已广泛用于解决视频问题任务。在下一节中，我们将介绍基于记忆网络的模型及其变体，例如端到端记忆网络和动态网络。

Kim 等人[10] 开发了一种视频故事学习模型，称为深度嵌入记忆网络（Deep Embedded Memory Network，DEMN），通过使用观测数据的潜在嵌入空间，从场景对话联合视频流中重建故事。对于给定的问题，基于 LSTM 的注意力模型通过关注包含关键信息的特定单词，使用长期记忆来回忆最佳的问题-故事-答案三元组。DEMN 将片段级特征和描述片段的文本特征作为输入，并修改记忆网络的泛化组件以生成故事描述，这些实体按顺序被存储在记忆数组中。因此，记忆数组代表整个视频内容。输出特征图组件利用问题引导的注意力模型生成问题注意力视频故事。最后，与问题相连的故事作为响应组件的输入，用于生成答案。

与使用记忆数组作为序列相比，Fan 等人[11] 在记忆数组上使用了注意力模型。作者提出了一种异构记忆网络，该网络处理诸如运动和外观视觉特征等异构视觉特征，从而通过当前输入与记忆内容的交互，分别生成全局上下文感知的视觉和文本特征。异构视觉记忆单元包含以下三个主要部分：记忆数组；多个读取头和写入头可实现多个输入和输出，包括编码的运动特征和外观特征；三种隐藏状态，分别记忆运动内容、外观内容和全局上下文感知特征。

写入操作基于隐藏状态计算外观、运动和记忆数组的权重，并根据与输入关联的权重值更新记忆数组的内容。读取操作根据外观和运动的隐藏状态和内容确定每个记忆单元的权重。随后，该模型根据权重融合记忆数组中的内容，以生成上下文表示。接下来，根据当前的隐藏状态和上下文表示更新隐藏状态。问题由另一个具有单个写入头、读取头和隐藏状态的外部问题记忆网络以相同的方式处理。随后，这两种上下文表示被融合并与一个问题相关的视频表示串联，使用 softmax 函数生成答案。

Na 等人[12] 提出了一种名为读写记忆网络（ReadWrite Memory Network，RWMN）的模型，该模型经过训练能够在记忆中存储具有适当表示形式的电影内容，根据给定的查询从记忆单元中提取相关信息，并从五个选项中选择正确答案。写入网络使用卷积神经网络联合学习将相邻内容嵌入记忆数组中。在读取网络中，内存记忆首先通过 CBP 在查询嵌入后转换为查询相关记忆，然后使用另一个 CNN 将一系列场景作为一个整体进行重构。最后，答案生成单元使用查询嵌入和读取网络重建的记忆来生成答案。

如第 2 章所述，基于 MemNN 的模型不能以端到端的方式进行训练。因此，RWMN [12] 使用 MemN2N 模型，从而改进模型的输入以获得扩展的端到端记忆网络（End-to-end Memory Network，E-MN），它可以捕获后续帧中动作之间的时间关系。使用 Bi-LSTM 对输入序列进行编码，然后将编码的序列输入 MemN2N 模型中。

Gao 等人 [13] 开发了一种基于动态记忆网络结构的模型。该模型称为运动外观记忆网络，它修改了输入模块以生成上下文表示，并将情节记忆模块改为运动外观共同记忆模块。输入模块将多个特征流视为输入，并使用时间卷积层对时间上下文信息建模，使用反卷积层恢复时间分辨率，从而构建多层的时间表示 $F_L = F_L^1, F_L^2, \cdots, F_L^N$。为了同时处理外观和运动表示，运动外观共同记忆模块包含两个独立的记忆模块：m_b^t 用于运动记忆，m_a^t 用于迭代 t 次的外观记忆。运动外观共同记忆单元使用外观记忆和问题表征分别将注意力分配给动作事实集合和外观事实集合。动作事实集合根据共记忆注意力计算的注意力门计算加权事实。随后，根据事实集合、当前记忆和问题分别更新运动记忆和外观记忆。最后，答案模块使用线性回归函数，将记忆状态作为输入，并输出候选答案的分数。

Kim 等人 [14] 提出了一种渐进式注意力记忆网络（Progressive Attention Memory Network，PAMN），它包含以下四个主要组成部分：记忆嵌入模块；渐进式注意力机制，它可以精确定位与回答问题相关的时间部分；动态模态融合模块；答案生成。

记忆嵌入模块使用前馈神经网络（Feed-Forward Neural Network，FNN）分别生成嵌入记忆的视频和描述。随后，渐进式注意力机制将双重记忆、问题嵌入和答案嵌入作为输入，并逐步关注和更新双重记忆。动态模态融合模块分别关注问题嵌入的记忆，生成必要模态的信息。最后，信念修正回答方案考虑了上下文记忆并生成答案。

9.3 时空图神经网络

除了上述基于深度学习的模型，还存在基于图的模型。虽然这种模型的数量比涉及深层结构的模型要少得多，但基于图的模型可以取得很好的效果。图通常建立在视频基础上 [15-17]，也存在于基于视频和问题生成的图 [18] 中。基于图的模型最具挑战性的任务是根据视频和问题中丰富的信息和关系提取属性图。

Gu 等人 [15] 提出了一种基于图的关系感知神经网络，以探索更细粒度的视觉表示，它可以在空间和时间上探索对象之间的关系和依赖。首先，生成基于图的视频表示，包括对象和对象关系。视频中所有帧中的所有对象都被定义为图中的节点 $N = \{n_i\}$，而边有两种，包括迭代边 E_R，既连接同一帧中的所有对象和轨迹边；连接同一对象的节点，这些节点随时间推移具有不同的位置和外观，由识别分数计算 [19]。节点和边的初始状态定义为两个连接对象之间的外观特征和空间关系。随后，考虑到交互边和轨迹边，更新图的隐藏状态，图的最终表示形式是所有节点的隐藏状态列表。此外，作者提出了一种名为多交互的多头注意力机制，用于捕获元素和分段的序列交互，以生成问题关注的视频表示、问题表示和问题关注的图表示。最后，问题关注的视频表示和问题关注的图表示被输入答案模块中以生成答案。

与此模型相反，Huang 等人 [16] 使用图卷积网络开发了一种名为位置感知图卷积网络的模型，该模型探索了位置和对象之间的交互关系。位置感知图是以每帧检测到的 K 个对象为节点构建的全连接图。每个节点的隐藏状态都与外观和位置特征相结合。p 层图卷积操作在位置感知图上，其第 p 层可以表示为 $\boldsymbol{X}^{(p)} = \boldsymbol{A}^{(p)} \boldsymbol{X}^{(p-1)} \boldsymbol{W}^{(p)}$，其中 $\boldsymbol{W}^{(p)}$ 为第 p 层的隐藏状态，$\boldsymbol{A}^{(p)}$ 是根据第 p 层中的节点特征计算出的邻接矩阵，$\boldsymbol{W}^{(p)}$ 是可训练权重矩阵，输出由 $\boldsymbol{F}^R = \boldsymbol{X}^{(p)} + \boldsymbol{X}^{(0)}$ 计算出的区域特征。随后，将区域特征和外观特征合并生成视觉特征。视觉特征与从问题中提取的文本特征一起用于生成答案。

Jin 等人 [17] 提出了一种自适应时空图增强的视觉和语言表示学习模型，用来解决视频问答任务，该模型由以下两部分组成：用于动态对象表示学习的自适应时空图模块、用于多模态表示的视觉和语言 Transformer 模块。

自适应时空图模块分两步生成时空表示。首先，为每帧构建一个空间图，其中的节点是检测到的对象。节点的隐藏状态由外观特征、对象类信息和几何信息生成，相邻矩阵是节点隐藏状态的亲和力。在每个基于帧的空间图上应用图卷积网络，生成对象节点 $V = \{v_i\}$ 的更新嵌入。其次，逐步建立时空图。从第一帧空间图中的对象节点（表示为锚节点）开始，初始化锚管集 $A = \{a_1, a_2, \cdots, a_n | a_i = \{v_i\}\}$，它观察后续每帧中的每个对象节点 v_j，根据与锚节点之间的相似性得分更新锚管集 A。如果对象节点 v_j 与锚节点 v_i 具有很高的相似性，则将 v_j 添加到 a_i 中；否则，通过将 $a_j = \{v_j\}$ 添加到锚节点集 A 中，将 v_j 标记为新锚点。在考虑所有帧后，时空图节点的锚点和相邻矩阵表示图的相似度矩阵。该图采用另一个卷积层来捕获每个时空管的时间动态信息，最终表示为所有节点的一组隐藏状态。接下来，视觉和语言 Transformer 将时空图的最终视觉表示和问题嵌入作为输入，以生成用于生成答案的上下文表示。

上述方法仅使用视频中的信息生成图。相比之下，Jiang 等人 [18] 提出的方法融合了问题和视频中的信息，构建了一个多模态图。作者提出了一种基于视频镜头和问句的深度异构图对齐网络。

对由门控循环单元编码的视觉特征和文本特征进行协同注意力变换，以获得问题关注的视觉特征与经过视频关注的文本特征，其中特征维度相同，并串联为一个异构输入矩阵 $\boldsymbol{X}$。异构图使用矩阵 $\boldsymbol{X} = \{\boldsymbol{x}_i\}$ 中的向量作为节点，邻接矩阵 $\boldsymbol{G}$ 的计算公式为 $\boldsymbol{G} = \phi(X)\phi^{\top}(X)$，其中 ϕ 是用于对齐的可学习变换。随后，在异构图上运行一个单层图卷积网络，然后进行自注意力池化，以获得反映局部推理过程后的底层跨模态关系的本地局部向量。局部推理结果与双线性融合模块通过视觉和语言门控循环单元编码器的最后隐藏状态计算出的全局推理结果一起用于生成答案。

参考文献

[1] VASWANI A, SHAZEER N, PARMAR N, et al. Attention is all you need. Advances in neural information processing systems. Red Hook, NY, USA: Curran Associates Inc., 2017: 6000-6010.

[2] XU D J, ZHAO Z, XIAO J, et al. Video question answering via gradually refined attention over appearance and motion. Proceedings of the 25th ACM international conference on Multimedia. New York, NY, USA: Association for Computing Machinery, 2017: 1645-1653.

[3] XUE H, CHU W, ZHAO Z, et al. A better way to attend: Attention with trees for video question answering. IEEE Transactions on Image Processing. Seattle, WA, USA: IEEE, 2018, 27(11): 5563-5574.

[4] MUN J W, SEO P H, JUNG I, et al. Marioqa: Answering questions by watching gameplay videos. Proceedings of the IEEE International Conference on Computer Vision. Venice, Italy: IEEE, 2017: 2867-2875.

[5] SONG X M, SHI Y CH, CHEN X, et al. Explore multi-step reasoning in video question answering. Proceedings of the 26th ACM international conference on Multimedia. New York, NY, USA: Association for Computing Machinery, 2018: 239-247.

[6] LE T M, LE V, VENKATESH S, et al. Learning to reason with relational video representation for question answering. arXiv preprint arXiv:1907.04553, 2019.

[7] LE T M, LE V, VENKATESH S, et al. Hierarchical conditional relation networks for video question answering. Proceedings of the IEEE/CVF conference on computer vision and pattern recognition. Long Beach, CA, USA：IEEE, 2020: 9972-9981.

[8] LI X P, SONG J K, GAO L L, et al. Beyond rnns: Positional self-attention with co-attention for video question answering. Proceedings of the AAAI Conference on Artificial Intelligence. Palo Alto, California USA: AAAI Press, 2019, 33(01): 8658-8665.

[9] JIN W K, ZHAO Z, LI Y, et al. Video question answering via knowledge-based progressive spatial-temporal attention network. ACM Transactions on Multimedia Computing,

Communications, and Applications (TOMM). New York, NY, USA: Association for Computing Machinery, 2019, 15(2s): 1-22.

[10] KIM K M, HEO M O, CHOI S H, et al. Deepstory: Video story qa by deep embedded memory networks. arXiv preprint arXiv:1707.00836, 2017.

[11] FAN C, ZHANG X, ZHANG S, et al. Heterogeneous memory enhanced multimodal attention model for video question answering. Proceedings of the IEEE/CVF conference on computer vision and pattern recognition. Long Beach, CA, USA: IEEE, 2019: 1999-2007.

[12] NA S, LEE S, KIM J, et al. A read-write memory network for movie story understanding. Proceedings of the IEEE International Conference on Computer Vision. Venice, Italy: IEEE, 2017: 677-685.

[13] GAO J Y, GE R ZH, CHEN K, et al. Motion-appearance co-memory networks for video question answering. Proceedings of the IEEE Conference on Computer Vision and Pattern Recognition. Salt Lake City, UT, USA: IEEE, 2018: 6576-6585.

[14] KIM J, MA M, KIM K, et al. Progressive attention memory network for movie story question answering. Proceedings of the IEEE/CVF Conference on Computer Vision and Pattern Recognition. Computer Vision and Pattern Recognition, 2019: 8337-8346.

[15] GU M, ZHAO Z, JIN W, et al. Graph-based multi-interaction network for video question answering. IEEE Transactions on Image Processing. New York, NY, USA: Association for Computing Machinery, 2021, 30: 2758-2770.

[16] HUANG D, CHEN P H, ZENG R H, et al. Location-aware graph convolutional networks for video question answering. Proceedings of the AAAI Conference on Artificial Intelligence. Palo Alto, California USA: AAAI Press, 2020, 34(07): 11021-11028.

[17] JIN W K, ZHAO Z, CAO X CH, et al. Adaptive spatio-temporal graph enhanced vision-language representation for video qa. IEEE Transactions on Image Processing. Salt Lake City, UT, USA: IEEE, 2021, 30: 5477-5489.

[18] JIANG P, HAN Y. Reasoning with heterogeneous graph alignment for video question answering. Proceedings of the AAAI Conference on Artificial Intelligence. Palo Alto, California USA: AAAI Press, 2020, 34(07): 11109-11116.

[19] ZHANG J, PENG Y. Object-aware aggregation with bidirectional temporal graph for video captioning. Proceedings of the IEEE/CVF Conference on Computer Vision and Pattern Recognition. Long Beach, CA, USA: IEEE, 2019: 8327-8336.

[20] DANG L H, LE T M, LE V, et al. Object-centric representation learning for video question answering. arXiv preprint arXiv:2104.05166, 2021.

[21] KIM J, MA M, KIM K, et al. Gaining extra supervision via multi-task learning for multi-modal video question answering. 2019 International Joint Conference on Neural Networks (IJCNN). Budapest, Hungary: IEEE, 2019: 1-8.

[22] WANG B, XU Y, HAN Y, et al. Movie question answering: Remembering the textual cues for layered visual contents.// Thirty-Second AAAI Conference on Artificial Intelligence. AAAI Press, 2018: 7380-7387.

[23] YI K X, GAN C, LI Y ZH, et al. Clevrer: Collision events for video representation and reasoning. arXiv preprint arXiv:1910.01442, 2019.

[24] YI K, GAN C, LI Y, et al. Leveraging video descriptions to learn video question answering. Thirty-First AAAI Conference on Artificial Intelligence. Palo Alto, California USA: AAAI Press, 2017: 4334-4340.

[25] ZHAO Z, JIANG X H, CAI D, et al. Multi-turn video question answering via multi-stream hierarchical attention context network. IJCAI. Palo Alto, California USA: AAAI Press, 2018: 3690-3696.

[26] Zhou Zhao, Jinghao Lin, Xinghua Jiang, Deng Cai, Xiaofei He, and Yueting Zhuang. Video question answering via hierarchical dual-level attention network learning. Proceedings of the 25th ACM international conference on Multimedia. New York, NY, USA: Association for Computing Machinery, 2017: 1050-1058.

第4部分 · 视觉问答高级任务 ·

　　在经典视觉问答问题中，除了有关图像或视频的自然语言问题，许多高级任务都可以从视觉问答中派生出来。第4部分将介绍与视觉问答相关的高级任务。其中一些方面基于不同的输入，例如具身视觉问答、医学视觉问答和基于文本的视觉问答。其他主题涉及不同的任务，例如视觉问题生成、视觉对话和指代表达理解。

第 10 章

CHAPTER 10

具身视觉问答

开发能够以自然语言与人类交流，并根据人类的要求完成指令的机器人是科学家们的长期目标。研究学者提出了几个任务并按顺序实现这一目标，例如视觉-语言导航要求智能体通过视觉感知执行详细的指令，通过远程对象定位给智能体提供更短和更抽象的指令，具身问答希望智能体主动探索环境并响应查询，交互视觉问答希望智能体积极地与虚拟环境交互以获得查询的响应。本章首先简要介绍该领域应用的一些主流模拟器、数据集和评估标准，例如 MatterPort3D、iGibison 和 Habitat 等，随后介绍每个子系统对应的几种方法的动机、方法和关键性能。

10.1 简介

科学家们一直在不懈地尝试构建一个智能体，它可以通过视觉、听觉等传感器主动地感知环境，通过自然语言与用户交流，并在虚拟甚至真实的场景中行动。随着对经典视觉问答的研究不断增加，计算机视觉和自然语言处理的研究学者都开始关注具身视觉问答（Embodied Visual Question Answering, Embodied VQA）。

具身智能机器人和视觉问答的视觉、语言任务存在某些相似之处。对于这两个任务，核心研究问题是多模态信息对齐。值得注意的是，视觉问答任务结合了两种模态，即视觉和自然语言，而具身视觉问答任务结合了三种模态，即视觉、自然语言和动作。在具身视觉问答任务中，在虚拟或真实环境中向智能体提供自然语言指令，智能体必须通过在环境中主动探索来响应指令，从而获得比传统视觉问答任务更多的视觉信息。根据任务的不同层次，自然语言指令可以是具体和详细的 [1]，也可以是抽象和简洁的 [2]。具体来说，指令可以详细到"沿着走廊直走，在白色桌子前左转"，或者简单地说"这间房子里有几把白色椅子？"智能体根据上述指令到达预期目的地或探索整个环境以确定答案是什么。

本章根据所需技能的性质考虑了三个类别，对具身视觉问答进行了全面回顾。按难度可分为以下三个递进式任务：语言引导的视觉导航、具身问答和交互式问答。

- **语言引导的视觉导航**。语言引导的视觉导航任务旨在使智能体能够遵循自然语言指令，结合来自环境的视觉输入并移动到预期的位置。此外，该任务可以分为两个子任务：视觉和语言导航（Vision-and-Language Navigation，VLN）和远程对象定位（Remote Object Localization，ROL）。
- **具身问答**。基于语言引导的视觉导航，具身问答任务需要智能体主动探索未知环境，自主导航并对提出的问题做出回应。
- **交互式问答**。交互式问答（Interactive Question Answering，IQA）类似于具身问答的高级版本，但需要智能体与未知环境进行交互。

此外，本章介绍可用于每项任务的数据集、相应的评估参数和常用的模拟器或平台。数据集在两个维度上有很大差异：一是它们的大小，即路径和自然语言指令的数量；二是环境，即虚拟或逼真，以及室内环境或室外环境。

10.2　模拟器、数据集和评估指标

目前，研究人员已为每项任务提出了许多模拟器、数据集和评估指标。由于模拟器用于为智能体提供虚拟环境，因此通常使用相似的模拟器。然而，由于相关任务要求的独特性，数据集和评估指标的差异很大。

10.2.1　模拟器

使用模拟器（平台）是为了确保智能体可以通过某些API进行巡航、执行动作并获取反馈信息。常用的模拟器包括MatterPort3D [1]、House3D [3]、Habitat [4]、AI2-THOR [5]、CHALET [6] 和iGibson [7,8] 等，主要区别包括视觉风格、交互性和连续性（智能体是否可以移动到任何可到达或可导航的点）。一些模拟器的详细信息将在下文中介绍，关键特性总结在表10-1中。

1. MatterPort3D

MatterPort3D模拟器 [1] 基于MatterPort3D数据集 [9]，这是一个大型RGB-D数据集，包含来自90个建筑场景的194,400张RGB-D图像的10,800个全景视图。MatterPort3D数据集还包括深度、相机位姿以及2D和3D语义分割。MatterPort3D模拟器使用MatterPort3D数据集作为逼真的视觉数据源，并使智能体能够观察水

表 10-1　具身问答主要模拟器及其特点

模拟器	环境导航	三维场景扫描	三维资产	物理交互	目标状态	目标反馈	动态光照	多重代理	真实对抗
AI2-THOR	✓		✓	✓	✓	✓	✓	✓	✓
iGibson	✓	✓		✓				✓	
Habitat	✓	✓		碰撞模拟					
MatterPort3D	✓	✓							
Minos	✓	✓							

平 360° 和特定点的俯仰 [0-2π) RGB 图像。智能体通过选择新的视点、指定摄像机航向和调整仰角进行移动。需要注意的是，MatterPort3D 模拟器提前准备了一个导航图，以说明每个视点之间的连接性。

2. House3D

House3D [3] 是一个虚拟 3D 环境，由超过 45,000 个室内场景组成，这些场景配备了来自 SUNCG 数据集的各种场景类型、布局和对象。所有 3D 对象都使用类别标签标注。环境中的智能体可以访问多种模态的观察结果，包括 RGB 图像、深度、分割掩码和自上而下的 2D 地图视图。

3. Habitat

Habitat [4] 是一个基于 MatterPort3D、Replica 和 2D-3D-S 数据集的逼真模拟环境，提供实时渲染的 RGB、RGB-D 和深度数据。需要注意的是，Habitat 提供了连续的模拟环境和快速的渲染性能，在单个 GPU 上的多进程速度超过 10,000 帧/秒。因此，这种环境通常用于连续环境语言引导的视觉导航任务。

4. AI2-THOR

AI2-THOR [5] 是一个交互式 3D 环境，由互联网视觉风格的 3D 室内场景和可交互对象组成。这些场景是由艺术家从参考照片中手工重建的，因此 AI2-THOR 没有自动生成的场景中通常存在的偏差。

5. CHALET

CHALET [6] 是一个互联网视觉风格的 3D 室内场景模拟器，有 58 个房间和 10 栋房子。作为一个可交互的环境，CHALET 提供了一系列常见的家庭活动，如移动物体、开关电器和将物体放置在可封闭的容器中。

6. iGibson

iGibson [7,8] 是一个互联网视觉风格的交互式 3D 室内模拟环境，包含 15 个家庭大小的场景和 108 个房间。作为真实世界房屋的复制品，该环境不存在自动生成的环境中存在的偏见。除了 RGB-D 图像，该环境还提供深度、分割、激光雷达和光流数据。

简而言之，特定的模拟器适用于某些任务。MatterPort3D 和 Habitat 常用于 VLN 任务，因为这两个框架都提供了逼真的模拟环境。House3D 用于具身视觉问答任务，而 iGibson 和 AI2-THOR 由于具备交互能力，通常用于交互式问答任务。

10.2.2　数据集

不同任务的数据集差异很大。本节将介绍几个数据集。用于视觉和语言导航任务的主要数据集包括 R2R、RxR、Habitat 和 REVERE 等。

R2R 数据集 [1] 基于 MatterPort3D 数据集。该数据集包含 21,567 条导航指令，平均长度为 29 个单词。每条指令都描述了从起点到相应目的地的导航方法。整个数据集分为训练、验证和测试部分。此外，人们还提出了细粒度的 R2R 数据集 [10]，通过添加子指令来增强原始 R2R 数据集。尽管 R2R 数据集具有重要意义，是第一个用于 VLN 任务的数据集，但它只适用于室内场景的离散环境。导航图的存在导致它不适合实际应用场景。

RxR 数据集 [11] 是针对 VLN 任务提出的。与第一个针对 VLN 任务提出的数据集 R2R 相比，RxR 数据集具有两个特点：第一是有更大的规模，数据集包含超过 126,000 条路径和相应的指令；第二是具有更细的粒度，在标注过程中，标注者必须一边移动一边通过说话提供指令，因此可以在指令、视觉感知和动作之间实现时间和空间上的对齐。Habitat 数据集 [4] 是针对连续环境中的 VLN 任务提出的。Habitat 在原始 R2R 数据集的基础上，重新排列了动作空间，重建了 R2R 的路径形式。

EQA 数据集 [12] 是针对具身问答任务提出的。该数据集基于 House3D 模拟器 [3] 和 CLEVR 数据集 [13] 构建虚拟环境并生成带有标注的问题和答案。数据集将问题分为特定类型，如图 10-1 所示。

EQA v1	位置：	'What room is the <OBJ> located in?'
	颜色：	'What color is the <OBJ>?'
	指定物体颜色：	'What color is the <OBJ> in the <ROOM>?'
	介词：	'What is <on/above/below/next-to> the <OBJ> in the <ROOM>?'

图 10-1　EQA 数据集包含的问题类型

EQA 数据集包含 750 多个环境中的 5,000 多个问题，涉及 7 种独特房间类型中的 45 个独特对象。该数据集的拆分统计和问题类型分解如图 10-2 所示。

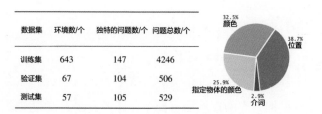

数据集	环境数/个	独特的问题数/个	问题总数/个
训练集	643	147	4246
验证集	67	104	506
测试集	57	105	529

图 10-2　EQA-v1 数据集

交互式问答数据集 IQUAD v1 [14] 是针对交互式问答任务提出的。AI2-THOR 模拟器有超过 75,000 道选择题和相应的答案。与 EQA 数据集类似，IQUAD 数据集也会生成各种类型的问题，如图 10-3 所示。

问题类型	训练集/个	测试集/个
Existence	25,600	640
Counting	25,600	640
Spatial Relationships	25,600	640
Rooms	25	5
Total scene configurations (s.c.)	76,800	1,920
Avg # objects per (s.c.)	46	41
Avg # interactable objects (s.c.)	21	16
Vocabulary Size	70	70

图 10-3　IQUAD 数据集的统计

10.2.3　评估指标

特定任务的评估指标也存在显著差异。对于语言引导的视觉导航任务，必须考虑以下方面：测量从停靠点到目的地的距离，测量路径的相似性以及对即使到达目的地但是选择较长路径的合理惩罚。因此，通常使用以下评估指标：路径长度（Path Length，PL）、导航误差（Navigation Error，NE）、成功率（Success Rate，SR）、路径长度加权成功率（Success Weighted by Path Length，SPL）、长度得分加权覆盖率（Coverage Weighted by Length Score，CLS）、归一化动态时间规整（Normalized Dynamic Time Warping，NDTW）和归一化动态时间规整成功率（Success Weighted by Normalized Dynamic Time Warping，SDTW）等。

与语言引导的视觉导航类似，具身问答具有以下评估指标：导航终止时到目的地的距离，从初始位置到最终位置与目的地的变化，整个情景中任意点到达目标的最短距离，智能体终止或进入包含目标对象的房间的可能性，以及智能体选择在达到最大长度之前终止导航和回答问题的情况的可能性。与具身问答任务类似，交互式问答任务具有以下评估指标：答案准确性、路径长度和无效操作的百分比等。

10.3 语言引导的视觉导航

让智能体能够根据人类的自然语言指令和环境图像或视频流输入导航到目的地一直是人工智能研究人员的长期目标。根据具体自然语言指令的特殊性，语言引导的视觉导航任务可以分为两个任务，即视觉和语言导航与远程对象定位，将在以下部分介绍。

10.3.1 视觉和语言导航

视觉和语言导航任务需要智能体听取一般的口头指令，并根据指令在虚拟环境中导航。在导航过程中，智能体必须结合来自视觉和自然语言的信息进行分析，然后采取行动，在环境中移动并获取新信息，重复此过程直至到达目的地。因此，视觉和语言导航的核心问题是跨模态信息对齐。与通常涉及两种模态（视觉和语言）的一般视觉问答任务相比，视觉和语言导航任务需要三种模态之间的信息对齐，即视觉、自然语言和动作。一般来说，视觉和语言导航的方法可以分为与模仿学习、强化学习和自监督学习相关的三种范式。此外，随着视觉和语言导航任务的发展，当前对该任务的研究试图将三种范式结合起来。

1. 模仿学习方法

（1）动机

模仿学习（Imitation Learning）是早期解决视觉和语言导航任务的关键方法。其基本逻辑是智能体根据人类专家提供的现有决策和行为数据来学习决策策略。此过程也被称为行为克隆。在视觉和语言导航任务中，智能体从人类专家提供的决策数据（状态和动作序列）中提取特征，并演化出最优策略模型。

（2）方法

Anderson 等人[1]提出了一种循环神经网络策略，该策略使用基于 LSTM 的序列到序列结构及为智能体提供的注意力机制。智能体将当前图像和前一个动作视为模型的编码器输入，对语言遇到的隐藏状态应用注意力机制，并预测下一个动作的分布。Fried 等人[15]采用指令者-跟随者（Speaker-Follower）模型来提高导航成功率，并指出在实施跟随者数据增强时，性能将比基准提高 2 倍以上。作者使用真实路径和标注描述来训练跟随者，并使用跟随者合成指令以添加到原始数据集中进行论证，从而加快训练速度。其模型如图 10-4 所示，图 10-4(a) 表示指令者模型根据描述在真实路径上进行训练，图 10-4(b) 表示模型为跟随者提供额外的合成指令数据，实现bootstrap训练；图10-4(c)表示模型帮助跟随者解释模棱两可的指令，并在推理过程中选择最佳路径。最近，Hong等人[10]采用子指令注意力和移位模块提高了导航成功率。

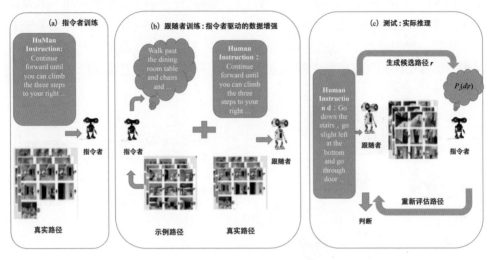

图 10-4　指令者-跟随者模型

（3）性能和局限

模仿学习方法为视觉和语言导航任务提供了最直接、最简单的解决方案。这种方法为未来的学术研究设定了第一个基准。然而，该框架存在一个显著的局限——专家们可以而且只能对有限的观察和说明进行抽样。如果智能体遇到一些数据集中没有出现的案例，那么可能迷失方向，不知所措。换句话说，智能体只是简单地复制每个专家的行为，甚至通过模仿学习不相关的动作，因为这种方法平等地接受所有错误。这样的智能体在实际使用中不够智能。

2. 强化学习范式

（1）动机

强化学习（Reinforcement Learning，RL）方法是解决视觉和语言导航任务的另一种关键方法。主要逻辑是通过与虚拟环境交互并设置适当的奖励系统，智能体自主地探索环境并学习导航策略。由于行为克隆与现实世界实践之间存在相当大的差距，因此大多数视觉和语言导航任务的模仿学习模型无法解决泛化问题。强化学习的引入对于进一步改进视觉和语言导航模型起到了至关重要的作用。

（2）方法

Wang等人[16]提出了一种预先计划的混合强化学习（planned-ahead hybrid

Reinforcement Learning）模型来解决泛化问题。在这种结构中，考虑到视觉和语言导航任务的顺序决策性质，采用了强化规划头（Reinforced Planning Ahead，RPA），如图 10-5 所示。RPA 结构由无模型（model-free path）的路径和基于模型的路径（model-based paths）组成。基于模型的路径由多个前瞻模块和一个聚合模块组成。在每步中，循环策略模型将单词特征和状态视为输入，并产生关于下一个步骤（预测动作）的信息。需要注意的是，基于模型的路径框架仅预测潜在动作，随后动作预测器根据无模型路径和基于模型路径的信息选择最终动作。

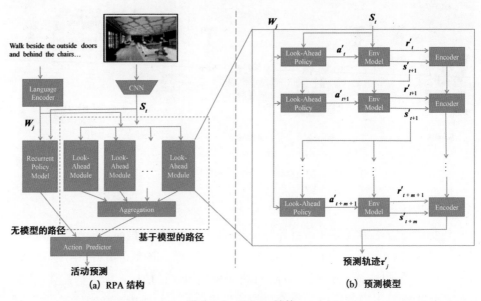

图 10-5　PRA 结构

（3）性能和局限

Wang 等人 [16] 提出的模型在对未见的数据集上验证时，优于现有的基准。Lansing 等人 [17] 基于强化学习框架建立了一种对话指令视觉和语言导航模型，该模型实现了轻量化，并被应用于室内导航场景。

3. 自监督学习范式

（1）动机

自监督学习（Self-supervised Learning）方法是解决视觉和语言导航任务的第三种关键方法，其主要逻辑是智能体根据一定的算法从半人类专家的行为中学习，并进化到最优策略。与模仿学习的范式不同，自监督学习方法需要算法生成某些标签，例如指令或路由。在这个领域中，研究人员已经开始将自监督学习方法与模仿学习和强化学习方法结合，作为一种实用方法提高智能体在未见过的环境中的导航能力。值得注意的是，以前的模型无法正确遵循指令，因此，尽管智能体可能会到达目的地，但仍需要监控导航进度。

（2）方法

Ma 等人[18]介绍了一种具有两个互补组件的自监控智能体（self-monitoring agent）：视觉-文本共同处理模块（visual-textual co-grounding module）和进度监视器（progress monitor）。进度监视器用作正则化器，并通过调节三个输入来估计导航过程：基准图像和指令的历史数据、周围图像的当前观察和基准指令的位置，如图 10-6 所示。其中，指令基准用于识别指令中已经完成或正在进行的部分，以及后续行动可能需要的部分。视觉基准用于总结观察到的周围图像。进度监视器用于规范和确保反映基准学习过程取得进展。动作选择用于确定行动的方向。

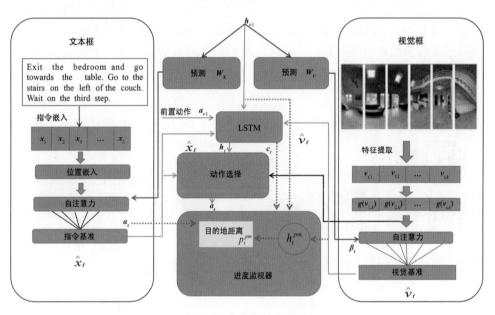

图 10-6　自监控智能体

（3）性能和局限

自监控方法的成功率非常高（在未见过的测试集上超过8%）。然而，该框架基于离散环境，仅限于室内场景，因此无法应用于现实世界的应用场景。

4. 新时代：连续环境下的视觉和语言导航

（1）动机

现有的视觉和语言导航方法依赖于 Anderson 等人提出的 R2R 数据集[1]。然而，在真实的应用场景中，导航图可能无法提前获得，智能体必须在它们所接触的未知环境中探索任何可到达的点。此外，真实场景不会提供全景图，智能体只能获得第一人称视角（First-Person View，FPV）。因此，有必要重建动作空间，以便利用第一人称视角进行连续环境导航。

（2）方法

Krantz等人[19]消除了R2R数据集中使用的现有导航图（拓扑结构），并提出了一种新的动作空间。这个框架预先规定了某些动作，包括"左转""右转""前进"。向左、向右的动作实际上是向左转15°、向右转15°，向前的动作是前进0.25m。例如，如果智能体预测它的下一个动作是左转45°，则模拟器将其预测的动作转换为三个"左转"动作的实例。通过这种方式，作者定义了新的视觉和语言任务，即连续环境中的视觉和语言导航（Vision and Language Navigation in a Continuous Environment，VLN-CE）。

VLN-CE任务的模型包括序列到序列和跨模态注意力，如图10-7所示。序列到序列模型的基本结构类似于模仿学习，因此不再赘述。作者提出的跨模态注意力模型由两个循环网络组成：一个网络跟踪视觉观察结果，另一个网络根据所听的指令和视觉特征做出决策。

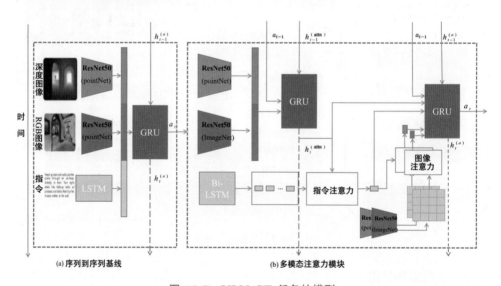

图 10-7　VLN-CE 任务的模型

（3）性能和限制

VLN-CE的所有评估指标都大大低于离散环境（R2R数据集）下的视觉和语言导航模型，因为任务设置导致需要额外的操作步骤来完成相同的动作。尽管对高级指令的研究仍然有限，但Krantz等人为面向现实应用的视觉和语言导航任务的发展做出了贡献。

10.3.2 远程对象定位

1. 动机

即使在完全陌生的环境中，一个10岁的孩子也能很轻松地执行"给我拿一个抱枕"的任务。然而，对于机器人来说，完成这样的任务是相当困难的，因为机器人很难从它们探索过的环境中学习知识，并在遇到新的环境时适当地迁移知识。例如，抱枕通常出现在沙发上，沙发通常出现在客厅里，客厅通常通过走廊与另一个房间相连。此外，人类可以理解高级自然语言指令，并将其与视觉感知联系起来。为了使机器人能够更灵活、准确地与人类进行交互，人们建立了远程嵌入式视觉偏好表达任务。

在这个任务中，智能体被放置在一个随机的位置，提供一个与远程对象相关的指令，例如，"把第一层楼梯顶部旁边最下面的图片拿给我"，机器人必须根据指令和感知到的视觉图像来探索并寻找目标对象。但是，所指的目标远程对象可能并不总是直接可见的。在这种情况下，智能体必须具有常识推理能力，才可能找到远程对象的正确位置。

2. 方法

Qi 等人[2]提出了交互式导航-指针模型，如图 10-8 所示。该模型由指针指令和导航子模块组成。指针（对象定位）模块将局部视觉感知图像和自然语言指令作为输入，并返回三个最符合指令的对象。获得的三个对象的视觉特征和标签是导航器模块的输入。此外，导航模块采用自然语言指令和当前位置的感知图像作为输入，并指定一个停止信号或下一步的方向。如果导航器停止输出，则认为当

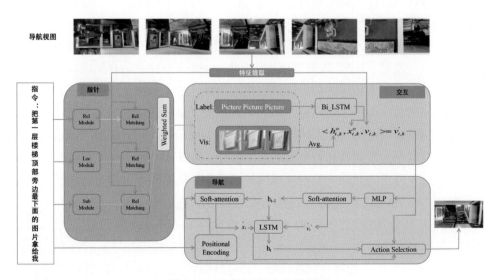

图 10-8 交互式导航-指针模型

前指针返回的合适对象是最终结果。该框架将 FAST 算法[20]作为导航模块，将 MAttNet[21]作为点模块。

3. 性能和限制

在未知环境下，随机算法的成功率小于1%，R2R-TF 和 R2R-SF 的成功率为2%。该算法在未知环境下的验证成功率超过11%。然而，与人类77.84%的成功率相比仍有很大差距，这凸显了该领域进一步研究的空间。

10.4 具身问答

1. 动机

为了构建能够感知环境的智能体，机器人学和计算机科学领域的研究人员都试图通过自然语言实现智能体与人类的交流，并在现实环境中执行动作。Das 等人[12]提出了一个名为具身问答（Embodied Question Answering）的新任务。在该任务中，一个智能体被随机放置在3D环境中，并被询问一个问题（"汽车是什么颜色？"）。要回答这个问题，智能体必须首先进行智能导航以探索环境，通过第一人称（自我中心）视觉收集必要的视觉信息，并回答问题（"橙色"）。

与传统的语言引导的视觉导航任务相比，具身问答任务对智能体模型的要求更高。一个典型的例子是主动感知：首先，视觉和语言导航任务要求智能体遵循人类给出的指令，而在具身问答任务中，智能体需要主动探索虚拟环境，以确定问题的答案；其次，向智能体提出问题采用的是高级自然语言指令，在这种场景下，智能体在执行任务时必须进行常识处理和推理。

2. 方法

Das 等人[12]为具身问答引入了一个分层模型。由于具身问答模型涉及四种形式的信息——视觉、语言、导航和回答，因此使用了4个独立的自然模块。特别地，不同形式的信息需要相应的神经网络结构，因此，这个框架使用了卷积神经网络和循环神经网络。由于不同问题之间的差异很大，解决问题的导航步骤也大不相同。采用 Graves[22]提出的自适应计算时间（Adaptive Computation Time，ACT）循环神经网络作为规划器和控制器的基本框架，如图10-9所示。规划器选择动作，控制器决定在可变的时间步长内继续执行该动作，从而实现方向（"左转"）和速度（"5次"）的解耦，并加强规划器模块的长期梯度流。

研究人员分别使用预训练的卷积神经网络和具有128维隐藏状态的两层 LSTM 进行视觉编码和语言编码。此外，为了提高智能体寻找答案的效率，Yu 等人[23]提出了一种广义的具身问答任务，并将其命名为多目标具身问答。这个任务

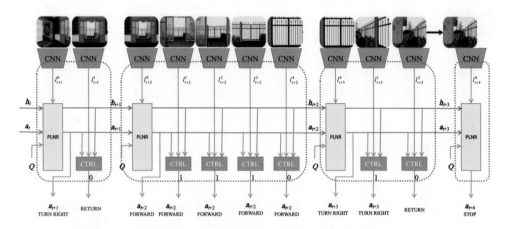

图 10-9　自适应计算时间导航器在规划器和控制器模块之间划分导航任务

旨在研究可以分解成两个或多个元问题,例如"卧室里的梳妆台比厨房里的烤箱大吗?"多目标具身问答的结构与具身问答类似,如图 10-10 所示,该模型由程序生成器、导航器、控制器和视觉问答模块组成。循环神经网络作为导航器和控制器,卷积神经网络作为视觉模块的特征提取器。与问题相对简单的传统具身问答不同,多目标具身问答涉及更复杂的问题。因此,人们开发了一个程序生成器来解码复杂问题中的结构信息。

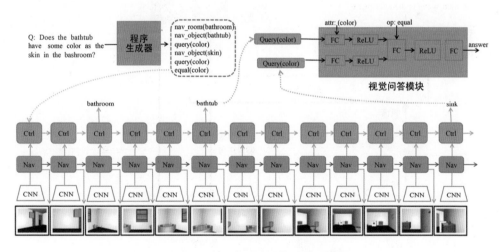

图 10-10　多目标具身问答的体系结构

3. 性能和限制

尽管导航的成功率和准确率并不令人满意,但这两种方法对视觉和语言界都有重要意义。此外,所问的问题都是相对简单和结构化的,在真实的应用场景中,问题形式的多变性不容忽视。因此,必须对具身问答进行更多的研究。

10.5 交互式问答

1. 动机

人工智能研究人员的目标是创造出能够在现实场景中执行人类任务，并通过自然语言与人类交流的智能体。与具身问答任务相比，交互式问答要求智能体与虚拟环境交互并操作环境中的物体，例如，打开微波炉、打开冰箱门或移动某个位置的物体来回答问题。

2. 方法

Gordon 等人[14]引入了分层交互记忆网络（Hierarchical Interactive Memory Network，HIMN），如图 10-11 所示。该模型将一个复杂的任务分解为多个子任务，以降低每个任务的复杂性，允许系统跨多个时间尺度进行操作、学习和推理。具体来说，规划器的设计目的是选择要执行的任务，例如导航、操作、回答和显示特定的命令。随后，使用一组低级控制器执行任务，包括导航器、控制器、检测器、扫描仪和应答器。当任务或子任务终止时，控制器将控制权返回给规划器。因此，当面对某些独立的任务时，模型可以独立执行这些任务。

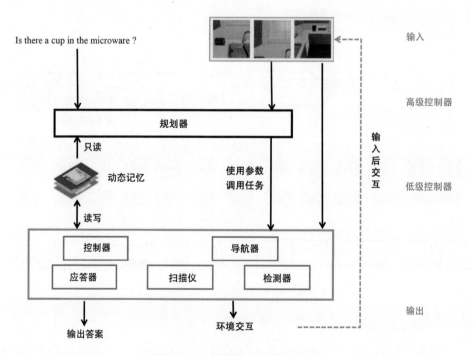

图 10-11　分层交互记忆网络

3. 性能和限制

这种交互式问答任务促进了视觉和语言跨模态模型在机器人领域的应用。然而,这种方法有以下局限:首先,由于分割映射的2D性质,所提出的模型不能区分物体是在容器内部还是在容器上部。其次,提出的模型在探索环境的效果方面相对不佳。最后,虚拟环境不是逼真的,在将网络视觉风格的视觉输入转换为逼真的输入时,存在不可忽视的域差。

参考文献

[1] ANDERSON P, WU Q, TENEY D, et al. Vision-and-language navigation: Interpreting visually-grounded navigation instructions in real environments.//Proceedings of the IEEE Conference on Computer Vision and Pattern Recognition. 2018: 3674-3683.

[2] QI Y, WU Q, ANDERSON P, et al. Reverie: Remote embodied visual referring expression in real indoor environments.//Proceedings of the IEEE/CVF Conference on Computer Vision and Pattern Recognition. Long Beach, CA, USA:IEEE, 2020: 9982-9991.

[3] WU Y, WU Y, GKIOXARI G, et al. Building generalizable agents with a realistic and rich 3d environment. arXiv preprint arXiv:1801.02209, 2018.

[4] SAVVA M, KADIAN A, MAKSYMETS O, et al. Habitat: A platform for embodied ai research.//Proceedings of the IEEE/CVF International Conference on Computer Vision (ICCV). Seoul, Korea (South), 2019: 9338-9346.

[5] KOLVE E, MOTTAGHI R, HAN W, et al. Ai2-thor: An interactive 3d environment for visual ai. arXiv preprint arXiv:1712.05474, 2017.

[6] YAN C, MISRA D, BENNNETT A, et al. Chalet: Cornell house agent learning environment. arXiv preprint arXiv:1801.07357, 2018.

[7] SHEN B, XIA F, LI C, et al. igibson 1.0: a simulation environment for interactive tasks in large realistic scenes. Prague, Czech Republic: IEEE, 2021: 7520-7527.

[8] LI C, XIA F, MARTíN-MARTíN R, et al. igibson 2.0: Object-centric simulation for robot learning of everyday household tasks. arXiv preprint arXiv:2108.03272, 2021.

[9] CHANG A, DAI A, FUNKHOUSER T, et al. Matterport3D: Learning from RGB-D data in indoor environments. arXiv preprint arXiv:1709.06158, 2017.

[10] HONG Y, RODRIGUEZ-OPAZO C, WU Q, et al. Sub-instruction aware vision-and-language navigation. arXiv preprint arXiv:2004.02707, 2020.

[11] KU A, ANDERSON P, PATEL R, et al. Room-Across-Room: Multilingual vision-and-language navigation with dense spatiotemporal grounding.//Conference on Empirical Methods for Natural Language Processing (EMNLP). arXiv preprint arXiv:2010.07954, 2020.

[12] DAS A, DATTA S, GKIOXARI G, et al. Embodied question answering.//Proceedings of the IEEE Conference on Computer Vision and Pattern Recognition. 2018: 1-10.

[13] JOHNSON J, HARIHARAN B, VAN DER MAATEN L, et al. Clevr: A diagnostic dataset for compositional language and elementary visual reasoning.//Proceedings of the IEEE Conference on Computer Vision and Pattern Recognition. Honolulu, HI, USA: IEEE, 2017: 1988-1997.

[14] GORDON D, KEMBHAVI A, RASTEGARI M, et al. Iqa: Visual question answering in interactive environments.//Proceedings of the IEEE conference on computer vision and pattern recognition. Seattle, WA, USA: IEEE, 2018: 4089-4098.

[15] FRIED D, HU R, CIRIK V, et al. Speaker-follower models for vision-and-language navigation. arXiv preprint arXiv:1806.02724, 2018.

[16] WANG X, XIONG W, WANG H, et al. Look before you leap: Bridging model-free and model-based reinforcement learning for planned-ahead vision-and-language navigation.//Proceedings of the European Conference on Computer Vision (ECCV). Berlin, Heidelberg: Springer-Verlag, 2018: 37-53.

[17] LANSING L, JAIN V, MEHTA H, et al. Valan: Vision and language agent navigation. arXiv preprint arXiv:1912.03241, 2019.

[18] MA C Y, LU J, WU Z, et al. Self-monitoring navigation agent via auxiliary progress estimation. arXiv preprint arXiv:1901.03035, 2019.

[19] KRANTZ J, WIJMANS E, MAJUMDAR A, et al. Beyond the nav-graph: Vision-and-language navigation in continuous environments.//European Conference on Computer Vision. Berlin, Heidelberg: Springer, 2020: 104-120.

[20] KE L, LI X, BISK Y, et al. Tactical rewind: Self-correction via backtracking in vision-and-language navigation.//Proceedings of the IEEE/CVF Conference on Computer Vision and Pattern Recognition. Long Beach, CA, USA：IEEE, 2019: 6741-6749.

[21] YU L, LIN Z, SHEN X, et al. Mattnet: Modular attention network for referring expression comprehension.//Proceedings of the IEEE Conference on Computer Vision and Pattern Recognition. IEEE, 2018: 1307-1315.

[22] GRAVES A. Adaptive computation time for recurrent neural networks. arXiv preprint arXiv:1603.08983, 2016.

[23] YU L, CHEN X, GKIOXARI G, et al. Multi-target embodied question answering.// Proceedings of the IEEE/CVF Conference on Computer Vision and Pattern Recognition. Long Beach, CA, USA: IEEE, 2019: 6302-6311.

第 11 章
CHAPTER 11

医学视觉问答

近年来，受通用领域视觉问答研究兴起的启发，医学视觉问答课题受到了计算机视觉、自然语言处理和生物医学研究界的极大关注。在给定一张医学图像和关于医学图像中视觉元素的临床相关问题的情况下，一个医学视觉问答系统需要深入理解医学图像和问题，以预测正确答案。本章首先介绍用于医学视觉问答任务的主流数据集，如VQA-RAD、VQA-Med、PathVQA和SLAKE数据集。然后详细阐述医学视觉问答任务的常用方法。这些方法根据其主要特点可分为三类：医学视觉问答的经典方法、医学视觉问答的元学习方法和基于BERT的医学视觉问答方法。

11.1 简介

医学图像在临床诊断和治疗中发挥着至关重要的作用，但诊断需求和基于图像的检查报告大大超出了医生目前的医疗能力。近年来，许多计算机辅助医学诊断技术被提出，以帮助缓解医疗系统的压力。在资源有限的情况下，医学视觉问答任务可以为放射科医生提供关于图像分析的"第二意见"，患者也可以使用这些回答来获得有关医学图像的基本信息，而无须咨询医生。作为一种特定领域的通用视觉问答任务的分支，医学视觉问答任务的执行方式是输入带有临床相关问题的医学图像，系统会根据医学图像中的视觉线索，用自然语言正确回答这些临床问题。

本章首先回顾专门为医学视觉问答任务提出的6个主流数据集：VQA-Med-2018[1]、VQA-Med-2019[2]、VQA-Med-2020[3]、VQA-RAD[4]、PathVQA[5]和SLAKE[6]。我们比较了这些数据集之间的异同，并给出了每个数据集的详细说明。

在此基础上，我们对医学视觉问答方法进行了综述，根据其主要特点和贡献，将其分为医学视觉问答的经典方法、医学视觉问答的元学习方法和基于 BERT 的医学视觉问答方法。

首先，用于医学视觉问答的经典方法（11.3 节）源自通用视觉问答任务的经典方法。这些方法通常利用卷积神经网络，如 VGGNet 和 ResNet，学习医学图像的嵌入表示，利用循环神经网络，如 LSTM 和 Bi-LSTM，学习临床问题的嵌入表示，利用经典的特征融合策略，如联合嵌入和注意力机制，学习融合的多模态特征，将多层分类器或序列到序列编码器-解码器预测作为分类任务或生成任务的答案。

其次，医学视觉问答的元学习方法（11.4 节）利用元学习来解决医学视觉问答中稀缺的标注数据问题。这些方法不是使用在 ImageNet 上预训练的卷积神经网络从有限的医学图像中学习视觉特征，而是直接在医学图像上训练元模型，其权重比在 ImageNet 上预训练的卷积神经网络的权重更容易适应医学视觉问答任务。

最后，基于 BERT 的医学视觉问答方法（11.5 节）受到 BERT 和视觉和语言预训练在通用领域的成功应用的启发。大多数基于 BERT 的医学视觉问答方法简单地将 BERT 作为语言编码器，从临床问题中学习文本特征，并与经典方法共享类似的融合结构。其他工作可能使用 Transformer 在两种模态之间进行交互。一些研究者使用医学图像–文本对的数据预训练类似 BERT 的模型，并在多个医学视觉问答数据集上对这些模型进行了微调。

11.2 数据集

与传统的聚焦于通用领域的视觉问答任务相比，医学视觉问答专门针对给定医学图像中的视觉元素来回答与临床相关的问题。为实现这一目标，应首先构建专注于医学领域的专业视觉问答数据集。近年来，各种各样的数据集被提出并用于医学视觉问答任务。这些数据集大部分侧重于放射学图像（包括 CT、X-射线和 MRI），如 VQA-Med（2018、2019、2020）、VQA-RAD 和 SLAKE，而 PathVQA 数据集侧重于病理学图像。不同于其他数据集只有图像-问题-回答三元组，SLAKE 更全面，它既有语义标签（如医学图像中物体的标记分割或边界框），也有结构化的医学知识库。此外，SLAKE 还是一个中英文双语数据集。这 6 个数据集的详细资料见下文，表 11-1 概述了它们的主要特征。

表 11-1　医学视觉问答的主要数据集及其主要特征

数据集	图像来源	图像数量/张	问题数量/个	评价指标
VQA-Med-2018 [1]	PubMed Central articles	2,866	6,413	BLEU & WBSS & CBSS
VQA-Med-2019 [2]	MedPix database	4,200	15,292	BLEU & Acc.
VQA-Med-2020 [3]	MedPix5 database	5,000	5,000	BLEU & Acc.
VQA-RAD [4]	MedPix database	315	3,515	BLEU & Acc.
PathVQA [5]	Textbook of Pathology & Basic Pathology	1670	32,799	BLEU & Acc.
SLAKE [6]	文献 [7]，文献 [8]，文献 [9]	642	14,028	BLEU & Acc.

1. VQA-Med-2018

VQA-Med-2018 [1] 是第一个医学视觉问答数据集。它包含 6,413 个问答对，以及从 PubMed Central 文章中提取的 2,866 张医学图像。问答对通过半自动化的方法从医学图像的描述中生成。首先，使用基于规则的问题生成（Question Generation，QG）系统生成描述中所有可能的问答对。该系统包含 4 个模块：句子简化、答案短语识别、问题生成和候选问题。然后，由于自动化生成的候选问题可能存在噪声，定义的规则可能无法充分地捕捉医学领域术语的复杂特征，所以两名专家级人工标注员对所有生成的与医学图像相关的问答对进行了两次人工检查。在第一次检查中，一位标注员校对所有的问答对，以确保语法和语义的正确性。在第二次检查中，一位标注员验证问答对是否正确，确保它们与医学图像的临床相关性。整个集合有 5,413 个问答对（与 2,278 张医学图像相关）用于训练，500 个问答对（与 324 张医学图像相关）用于验证，500 个问题（与 264 张医学图像相关）用于测试。

2. VQA-Med-2019

VQA-Med-2019 [2] 由 4,200 张放射学图像和 15,292 个问答对组成。这个数据集集中在 4 类临床问题：成像方式、切面、器官系统和异常。这些类别有不同的难度，并利用分类和文本生成方法。所有的问题都可以基于图像内容回答，而不需要任何额外的医学知识或特定领域的推理。训练集包含 3,200 张图像和 12,792 个问答对，每张图像有 3~4 个问题。验证集包含 500 张医学图像和 2,000 个问答对。测试集包含 500 张医学图像和 500 个问题。

3. VQA-Med-2020

VQA-Med-2020 数据集 [3] 的图像来自 MedPix5 数据库，用于基于图像的相关医学图像诊断。所选择的诊断方法包括 CT/MRI 成像、血管造影、特征影像学外观、放射造影、影像学特征、超声和放射诊断。每个问题在创建的视觉问答数据中至少出现10次。训练集包含4,000张放射学图像和4,000个问答对。验证集由500张图像和500个问答对组成。测试集由500张图像和500个问题组成。

4. VQA-RAD

VQA-RAD[4]包含3,500个临床医生标注的问答对和315张来自MedPix31的图像。这是第一个人工构建的数据集，临床医生询问与放射学图像相关的自然问题并提供参考答案。问题可以分为成像方式、切面、器官系统、异常、物体/条件存在、位置推理、颜色、大小、其他属性、计数和其他类别。

5. PathVQA

PathVQA[5]由32,799个问答对组成，这些问答对来自1,670张病理学图像，收集自两部病理学教科书——*Textbook of Pathology*和*Basic Pathology*，3,328张病理学图像收集自PIER7数字图书馆。该数据集有7类问题：what、where、when、whose、how、how much/how many和yes/no。前6类为16,465个开放性问题，占全部问题的50.2%。其余的问题都是封闭式的"yes/no"问题，"yes"和"no"的答案分别为8145和8189，保持平衡。

6. SLAKE

SLAKE[6]包含642张图像，14,028个问答对和5,232个医学知识三元组，用于医学视觉问答模型的训练和评估。问题生成使用标注系统。系统首先为每个身体部位预设一个问题模板，每个模板为每种内容类型提供了许多候选问题。SLAKE的题目有10种内容类型，如成像方式、位置和颜色。这些图像被分成450张用于训练，96张用于验证，96张用于测试。

11.3 医学视觉问答的经典方法

本节将回顾在通用领域中广泛使用并很快被应用于医学视觉问答任务的经典视觉问答方法。这些方法通常使用卷积神经网络，如VGGNet和ResNet，从医学图像中提取视觉特征；使用循环神经网络，如LSTM、Bi-LSTM或门控循环单元网络，从临床相关问题中提取文本特征；使用经典的多模态特征融合策略，如联合嵌入和注意力机制，以及多层分类器或序列到序列编码器-解码器来预测答案。

1. 动机

受视觉问答在通用领域成功应用的启发，医学视觉问答被提出，以帮助缓解医疗系统的压力。医学视觉问答任务作为通用视觉问答任务的一个领域分支，能够借鉴通用领域的一些经典视觉问答方法，以便快速适用于处理医学视觉问答任务。

2. 方法

如图 11-1 所示，经典的视觉问答方法通常由四个主要部分组成：一个基于预训练的卷积神经网络的图像特征提取器、一个基于循环神经网络的问题特征提取器、一个经典的多模态特征融合模块和一个预测答案的分类器或生成器。

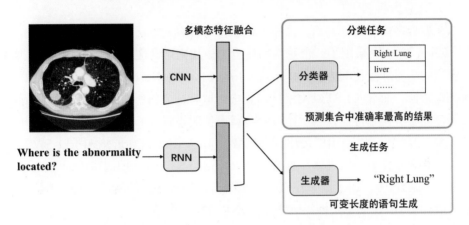

图 11-1　医学视觉问答采用的经典视觉问答方法框架

对于多模态特征融合，联合嵌入是一种简单且有效的方法，包括逐元素运算、拼接和双线性池化。

Thanki 等人[10] 提出了一种编码器-解码器结构，在 ImageNet 上使用预训练的卷积神经网络（如 VGG19 和 DenseNet-201）从医学图像中提取视觉特征，在 PubMed 文章中使用预训练的词嵌入和两层 LSTM 网络从问题中提取文本特征。对于多模态特征融合，采用了一个简单的逐元素相乘运算。将融合后的特征传递到 LSTM 解码器中，以生成自然语言。

Allaouzi 等人[11] 使用预训练的 VGG16 网络从医学图像中提取视觉特征，首先，使用双向 LSTM 进行单词嵌入，将单词嵌入相应的问题中，并从问题中提取文本特征。然后，将医学图像和问题的特征进行拼接，通过稠密层，得到一个固定长度的向量作为多模态特征向量。最后，基于该多模态特征向量，利用决策树分类器预测答案。

随后，Allaouzi 等人[12] 提出了一个编码器-解码器模型，该模型通过生成答案中的每个单词来预测答案。使用预训练的 DenseNet-121 网络和预训练的单词嵌入分别提取图像和问题的特征。这些多模态特征被拼接为 QI 向量，然后将其与生成的单词的特征串联为编码器向量。解码器根据编码器向量生成答案。类似地，Talafha 等人[13] 提出了一种编码器-解码器序列到序列的结构，其中，使用预训练的 VGGNet 代替 DesNet。

Abacha 等人[14]采用多模态紧凑双线性池化（Multimodal Compact Bilinear Pooling，MCB）策略融合多模态特征。利用 ResNet 和 LSTM 提取图像和问题的特征，并用 MCB 将这些单模态特征合并为多模态特征。对于答案预测，我们使用了一个分类器。

3. 注意力机制

在融合多模态特征方面，注意力机制比联合嵌入方法更为复杂和强大。

Zhou 等人[15]采用了一个基本的注意力模块来融合图像和问题的特征，增强了模型的学习和泛化能力。具体来说，Inception-ResNet-v2 网络从医学图像中提取视觉特征，而双向 LSTM 网络从问题中提取特征。将所关注的视觉特征与问题特征合并为多模态特征，然后通过分类器来预测答案。

Abacha 等人[14]使用堆叠注意力网络（Stacked Attention Network，SAN）在医学视觉问答任务中实现多步推理。VGG16 和 LSTM 分别用于提取单模态特征。在采用的 SAN 中使用了两个注意力层来融合图像和问题的特征。对于答案预测，使用带有 softmax 的单层神经网络作为分类器。

Peng 等人[16]提出了一个框架，采用双线性池化的协同注意力机制。首先在 ImageNet 上用预训练的 ResNet-152 提取视觉特征，并在医学相关语料库上预训练词嵌入。然后使用 LSTM 网络提取问题特征。最后对视觉特征和问题特征实现了协同注意力机制，获得注意力图像特征和注意力问题特征。为了进一步融合注意力的多模态特征，使用了多模态分解双线性池化（Multi-modal Factorized Bilinear Pooling，MFB）方法。

此外，Shi 等人[17]使用多模态因子分解高阶池化（Multi-modal Factorized High-order Pooling，MFH）代替多模态分解双线性池化进行多模态特征融合。特征提取还考虑了更多的信息源，包括问题类别和问题主题分布。具体来说，利用 MFH 将协同注意力机制获得的注意力图像特征和注意力问题特征与上述两个额外特征进行融合，利用融合的多模态特征预测答案。

4. 性能和限制

将经典视觉问答方法应用于医学视觉问答任务是简单且有效的。甚至联合嵌入方法也可以成为医学视觉问答有竞争力的基线方法。与一般视觉问答的研究结果相似，融合方法越全面、越有效，模型的性能就越好。双线性池化方法的性能优于简单的逐元素运算和拼接，基于注意力机制方法结合双线性池化方法优于单一注意力机制或单一双线性池化方法。然而，这些方法大多使用 ImageNet 上预训练的卷积神经网络从医学图像中提取视觉特征，而一般图像和医学图像之间会有很大的差距。因此，在迁移学习过程中，模型的性能可能会受到影响。

11.4 医学视觉问答的元学习方法

本节将回顾用于医学视觉问答任务的元学习方法。具体来说，本章详细介绍第一个提出的基于元学习的框架，即混合增强视觉特征（Mixture of Enhanced Visual Features，MEVF）。我们介绍一种带有条件推理的 MEVF 的变体和另一种更先进的元学习方法，称为医学视觉问答的多重元模型量化（Multiple Meta-model Quantifying，MMQ）。

1. 动机

在一般领域训练视觉问答模型通常需要大量的标记数据。然而，在医学领域，构建大规模、高精度的医学视觉问答数据集并不像构建大规模的通用视觉问答数据集那么容易。换句话说，医学视觉问答任务通常缺乏大规模的标记数据。因此，为了克服数据短缺的问题，元学习方法被用于解决医学视觉问答任务。

2. 方法

Nguyen 等人[18]首次在医学视觉问答任务中采用元学习。如图 11-2 所示，作者提出的医学视觉问答框架的核心是混合增强视觉特征，其中的权重由模型无关的元学习（Model-Agnostic Meta-Learning，MAML）和医学图像预训练的卷积去噪自动编码器（Convolutional Denoising Auto-Encoder，CDAE）初始化。随后，以端到端的方式对医学视觉问答数据集进行微调。事实上，当 MAML 适应新任务时，MAML 的元参数可以快速适应新任务。为了训练 MAML，VQA-RAD 数据集

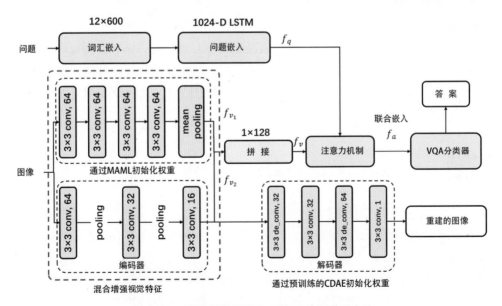

图 11-2　医学视觉问答的 MEVF 元学习方法

中的图像被人工审核并分为 9 类。在 MAML 的每次训练迭代中，随机抽取 5 个任务，每个任务随机抽取 3 类。对于每类图像，随机抽取 6 张图像来更新模型。为了训练 CDAE，作者从互联网上收集了超过 1 万张放射学图像。具体来说，在训练 CDAE 时，要尽量减小原始和重建的放射图像之间的重建误差。总体框架的目标是求一个多任务损失函数，它同时考虑了视觉问答分类损失和重建损失。

基于上述医学视觉问答框架，Zhan 等人[19] 提出了一种新的医学视觉问答条件推理方法，旨在自动学习各种医学视觉问答任务的有效推理能力。特别地，问题条件推理模块用于指导多模态融合特征的重要性选择。此外，考虑到封闭式和开放式医学视觉问答任务的不同性质，作者提出了一个额外的类型条件推理模块，用于分别学习这两种类型的医学视觉问答任务的不同集合的推理能力。

然而，MAML 在医学图像数据集的元标注阶段存在问题。最近，Do 等人[20] 提出了一种新的多元模型量化（Multiple Meta-model Quantifying，MMQ）方法，通过自动标注来增强元数据，处理元标注过程中的噪声标签，并为下游医学视觉问答任务选择具有健壮特征的元模型。首先，与 MEVF 不同的是，MMQ 只将 MAML 作为主要组件，而不使用 CDAE，并选择多个元模型，而不是只有一个 MAML 模型。元训练的过程与 MEVF 相似。然后，利用训练后的元模型，通过自动标注的标签和处理有噪声的标签，完善初始数据集。最后，对这些元模型进行评分，选出对医学视觉问答任务有用的元模型。

3. 性能和限制

新的元学习方法可以解决在医学视觉问答数据集中缺乏大规模标记数据的问题。与直接应用于医学视觉问答的经典视觉问答方法相比，这些方法可以更好地利用医学图像，更有效地从有限的数据中学习，从而获得更好的性能。然而，这些方法并没有利用流行和强大的 Transformer 和 BERT，这两种模型可能会进一步提高它们的性能。

11.5 基于 BERT 的医学视觉问答方法

本节将回顾为医学视觉问答提出的基于 BERT 的方法。首先简单介绍将 BERT 作为临床相关问题的语言编码器，同时与其他经典的视觉问答方法共享类似的融合结构。然后详细介绍基于 BERT 的方法，该方法利用 Transformer 层在图像和问题的两种模式之间进行交互。最后展示在医学图像 – 文本对上预训练 BERT 类模型的方法，并在医学视觉问答数据集上微调预训练的模型的方法。

1. 动机

近年来，大量研究证明了 BERT 可成功应用于自然语言处理与视觉和语言任务。无论是简单地使用 BERT 作为语言编码器来提取文本特征，还是使用 BERT 实现多模态特征之间的交互，都取得了令人印象深刻的效果。因此，在医学视觉问答任务中，采用流行且强大的 BERT 来更好地学习医学图像和临床相关问题的表示是很自然的选择。

2. 方法

BERT 在医学视觉问答任务中使用最广泛的方法是简单地将 BERT 作为语言编码器来学习临床相关问题的文本嵌入，同时与其他医学视觉问答任务的经典视觉问答方法共享类似的多模态融合结构。Zhou 等人[21]提出了 TUA1，它使用 Inception ResNet-V2 从医学图像中提取视觉特征，使用 BERT 从相应的问题中提取纹理特征。此外，TUA1 采用了子任务策略，首先使用一个简单的分类器来识别每个问题的类别。对于异常的问题类型，TUA1 使用序列到序列的生成模型来预测答案。而对于其他类型的问题，TUA1 使用分类器预测答案。Vu 等人[22]提出了一种集成模型的方法，即使用 Skip-thought 向量或 BERT 提取问题特征，并利用双线性融合的 multi-glimpse 注意力机制。Yan 等人[23]提出 Hanlin，采用改进的 VGG16 网络与全局平均池化策略提取视觉特征，采用 BERT 提取问题特征，并采用 MFB 协同注意力融合多模态特征。Jung[24]和陈等人[25]采用了领域特定的 BioBERT，该模型在大规模生物医学语料库上进行预训练，而不是使用在通用领域上预训练的 BERT 来提取问题特征。

与上述方法不同，如图 11-3 所示，Ren 和 Zhou[26]提出了一种新的医学视觉问答分类和生成模型（Classification and Generative model for Medical VQA，CG-MVQA），该模型利用 4 层 Transformer 在多模态特征之间进行交互。CGMVQA 采用子任务策略，使用一个分类器识别每个问题的类型。CGMVQA 使用 ResNet 152 从医学图像中提取视觉特征。具体来说，为了从不同的维度中获得更丰富的语义信息，作者从 ResNet 152 网络的不同卷积层中提取了视觉特征。在全卷积网络和全局平均池化之后，ResNet152 网络将每 5 个块的输出作为视觉标记，并通过 Transformer 层传递。CGMVQA 使用 Word Pieces 标记问题，并使用 BERT 嵌入问题。对于异常问题，CGMVQA 作为一个生成器，根据掩码标记的输出特性预测答案。对于其他类型的问题，CGMVQA 作为一个分类器，根据特殊标记 [MASK] 的输出特征预测答案。

此外，Khare 等人[27]提出了医学视觉问答的多模态 BERT 预训练模型 MM-BERT，该模型在 ROCO 数据集的医学图像描述对上预训练一个与 CGMVQA 结构类似的模型，然后在下游的 VQA-Med-2019 和 VQA-RAD 数据集上对模型进行

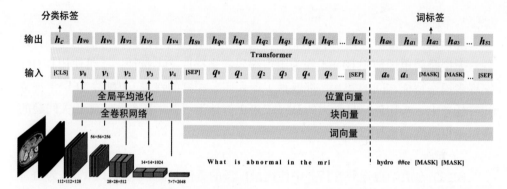

图 11-3   医学视觉问答：CGMVQA 结构图

微调。在预训练过程中，模型使用掩码语言建模任务。具体来说，为了更好地学习医学知识，在ROCO数据集中，只掩蔽了描述中的医学关键词，模型只需预测这些被掩蔽的标记。在微调过程中，MMBERT没有使用 [MASK] 标记的输出特征，而是使用 Transformer 最后一层的平均池化结果作为融合的多模态特征。然后，这种多模态特征通过稠集层对答案进行分类。

与MMBERT类似，Moon 等人 [28] 提出了一种名为 MedViLL 的医学图像和文本的视觉和语言预训练模型。与MMBERT不同，MedViLL 使用 ResNet50 数据集，其中最后一个特征图（$16 \times 16 \times 2048$）被转换作为医学图像的视觉特征。此外，MedViLL 还在 MIMIC-CXR 和 Open-I 数据集上进行了预训练。在预训练期间，使用掩码语言建模和图像报告匹配（Image Report Matching，IRM）任务。在微调过程中，使用 [MASK] 标记的输出特征预测答案。

3. 性能和限制

到目前为止，基于BERT的方法已经取得了比其他方法更先进的性能。然而，这些方法的视觉特征提取器仍然是在ImageNet上预训练过的卷积神经网络，如ResNet，这可能会忽略医学图像的特征，对性能产生负面影响。

参考文献

[1] HASAN S A, LING Y, FARRI O, et al. Overview of imageclef 2018 medical domain visual question answering task.//Conference and Labs of the Evaluation Forum, 2018.

[2] ABACHA A B, HASAN S A, DATLA V, et al. Vqa-med: Overview of the medical visual question answering task at imageclef 2019.// Conference and Labs of the Evaluation Forum, 2019.

[3] ABACHA A B, DATLA V, HASAN S A, et al. Overview of the vqa-med task at imageclef 2020: Visual question answering and generation in the medical domain.//Conference and Labs of the Evaluation Forum, 2020.

[4] LAU J, GAYEN S, ABACHA A B, et al. A dataset of clinically generated visual questions and answers about radiology images. Scientific data, 2018, 5(1): 1-10.

[5] HE X, ZHANG Y, MOU L, et al. Pathvqa: 30000+ questions for medical visual question answering. ArXiv preprint arXiv:2003.10286, 2020.

[6] LIU B, ZHAN L M, XU L, et al. Slake: A semantically-labeled knowledge-enhanced dataset for medical visual question answering. 2021 IEEE 18th International Symposium on Biomedical Imaging (ISBI). IEEE, 2021: 1650-1654.

[7] SIMPSON A, ANTONELLI M, BAKAS S, et al. A large annotated medical image dataset for the development and evaluation of segmentation algorithms. arXiv preprint arXiv:1902.09063, 2019.

[8] WANG X, PENG Y, LU L, et al. Chestx-ray8: Hospital-scale chest x-ray database and benchmarks on weakly-supervised classification and localization of common thorax diseases. 2017 IEEE Conference on Computer Vision and Pattern Recognition (CVPR). Honolulu, HI, USA:IEEE, 2017: 2097-2106.

[9] KAVUR A E, GEZER N, BARIS M, et al. Chaos challenge - combined (ct-mr) healthy abdominal organ segmentation. Medical image analysis, 2021, 69: 101950.

[10] THANKI A, MAKKITHAYA K. Mit manipal at imageclef 2019 visual question answering in medical domain.//Conference and Labs of the Evaluation Forum, 2019.

[11] ALLAOUZI I, AHMED M. Deep neural networks and decision tree classifier for visual question answering in the medical domain.// Conference and Labs of the Evaluation Forum, 2018.

[12] ALLAOUZI I, AHMED M, BENAMROU B. An encoder-decoder model for visual question answering in the medical domain.//Conference and Labs of the Evaluation Forum, 2019.

[13] TALAFHA B, AL-AYYOUB M. Just at vqa-med: A vgg-seq2seq model.// Conference and Labs of the Evaluation Forum, 2018.

[14] ABACHA A B, GAYEN S, LAU J, et al. Nlm at imageclef 2018 visual question answering in the medical domain.//Conference and Labs of the Evaluation Forum, 2018.

[15] ZHOU Y, KANG X, REN F. Employing inception-resnet-v2 and bi-lstm for medical domain visual question answering.//Conference and Labs of the Evaluation Forum, 2018.

[16] PENG Y, LIU F. Umass at imageclef medical visual question answering(med-vqa) 2018 task.//Conference and Labs of the Evaluation Forum (working notes), 2018.

[17] SHI L, LIU F, ROSEN M. Deep multimodal learning for medical visual question answering.//Conference and Labs of the Evaluation Forum, 2019.

[18] NGUYEN B D, DO T, NGUYEN B X, et al. Overcoming data limitation in medical visual question answering.// Medical Image Computing and Computer Assisted Intervention. Springer International Publishing, 2019: 522-530.

[19] ZHAN L M, LIU B, FAN L, et al. Medical visual question answering via conditional reasoning. Proceedings of the 28th ACM International Conference on Multimedia, 2020: 2345-2354.

[20] DO T, NGUYEN B X, TJIPUTRA E, et al. Multiple meta-model quantifying for medical visual question answering. Medical Image Computing and Computer Assisted Intervention-MICCAI 2021: 24th International Conference. Springer International Publishing, 2021: 64-74.

[21] ZHOU Y, KANG X, REN F. Tua1 at imageclef 2019 vqa-med: A classification and generation model based on transfer learning.// Conference and Labs of the Evaluation Forum, 2019.

[22] VU M H, SZNITMAN R, NYHOLM T, et al., 2019. Ensemble of streamlined bilinear visual question answering models for the imageclef 2019 challenge in the medical domain.// Conference and Labs of the Evaluation Forum, 2019.

[23] YAN X, LI L, XIE C, et al. Zhejiang university at imageclef 2019 visual question answering in the medical domain.// Conference and Labs of the Evaluation Forum, 2019.

[24] JUNG B, GU L, HARADA T. bumjun_jung at vqa-med 2020: Vqa model based on feature extraction and multi-modal feature fusion.// Conference and Labs of the Evaluation Forum, 2020.

[25] CHEN G, GONG H, LI G. Hcp-mic at vqa-med 2020: Effective visual representation for medical visual question answering.// Conference and Labs of the Evaluation Forum, 2020.

[26] REN F, ZHOU Y. Cgmvqa: A new classification and generative model for medical visual question answering. IEEE Access, 2020, 8: 50626-50636.

[27] KHARE Y, BAGAL V, MATHEW M, et al. Mmbert: Multimodal bert pretraining for improved medical vqa. 2021 IEEE 18th International Symposium on Biomedical Imaging (ISBI). Nice, France: IEEE, 2021: 1033-1036.

[28] MOON J H, LEE H, SHIN W, et al. Multi-modal understanding and generation for medical images and text via vision-language pre-training. IEEE Journal of Biomedical and Health Informatics, 2022, 26(12): 6070-6080.

第 12 章
CHAPTER 12

基于文本的视觉问答

视觉问答需要对图像的视觉内容进行推理。然而，在大量的图像中，视觉内容并不是唯一的信息。能够被光学字符识别（Optical Character Recognition, OCR）工具识别的文本提供了更有用和更高级的语义信息，如街道名称、产品品牌和价格，这些信息在场景中是无法以其他形式提供的。在人类环境中解读这些书面信息对于执行大多数日常任务至关重要，例如购物、使用公共交通工具和在城市中寻找位置。因此，研究人员提出了新的任务——基于文本的视觉问答（TextVQA）。本章将简要介绍衡量该领域进展的主要数据集，包括 TextVQA [1]、ST-VQA [2] 和 OCR-VQA [3]。随后，本章介绍一个重要的工具——OCR，它是推理过程的先决条件，因为文本必须首先能够被识别。接下来，本章选择 3 个具有代表性的有效模型解决这个问题，并按顺序介绍它们。

12.1 简介

视觉问答的一个好处是可以帮助视障用户了解他们周围的环境。正如 VizWiz 的研究 [4] 所示，多达 21% 的问题涉及阅读和分析用户周围环境中捕获的文本："我的烤箱设定在多少度？"或者"这是多大面额的钞票？"要回答这些问题，模型必须具备以下能力：

- 意识到问题中包含文本；
- 检测包含文本的图像区域；
- 将这些区域的像素表示（卷积特征）转换为符号或文本表示（语义单词嵌入）；
- 共同分析检测到的文本和视觉内容；
- 决定是否将检测到的文本"复制粘贴"作为答案，或者检测到的文本是否可为模型提供答案空间中的答案。

值得注意的是，现有的视觉问答模型无法回答此类问题，因为上述所有能力都不能简单地集成到一个单一的网络中。为了应对这一新挑战，研究人员已经提出了几个数据集来评估上述能力的整体性能，以及几个经典的基线模型。为了实现推理，模型必须能够读取。光学字符识别是计算机视觉的一个子领域，涉及许多成熟的算法。使模型能够读取文字是一项简单的任务，只需要添加一个独立的光学字符识别模块。我们将在后续部分讨论该模块的实现方法和重要性。此外，我们将重点介绍 TextVQA 领域已推出的主要方法，这些方法可分为简单融合模型、基于 Transformer 的模型和图模型。

12.2 数据集

在标准的视觉问答数据集中，需要阅读和推理的问题并不常见，因为它们并没有在与视障用户类似的环境中收集。现有的相关数据集 VizWiz [4] 规模较小，这使得将其作为基线模型具有挑战性。为了专注于图像中场景文本的理解和推理，人们提出了几个数据集。我们回顾现有的 TextVQA 数据集，介绍如何创建数据集并进行比较分析。表 12-1 粗略地对比了不同数据集的情况。

表 12-1   三个 TextVQA 数据集的对比

数据集	图像数量/个	问题数量/个
TextVQA	28,408	45,336
ST-VQA	23,038	31,791
OCR-VQA	207,572	1,002,146

12.2.1   TextVQA

为了研究阅读图像中的文本的问答任务，我们建立了一个新的数据集，该数据集可以在 TextVQA 的官方网站上获得。

TextVQA 数据集包含 28,408 张来自 Open Images 数据集 [5] 的图像，即来自倾向于包含文本的类别，例如 "billboard"（广告牌）、"traffic sign"（交通标志）和 "white board"（白板）。每个问题都附带 10 个人工标注的答案。最终的准确率是通过对 10 个答案的加权投票计算出来的，类似于 VQA – v2 [6]。

训练集和验证集来自 Open Images 的训练集，测试集来自 Open Images 的测

试集。为了从这个庞大的数据源中自动选择适当的图像，应用光学字符识别模型
Rosetta [7] 对这些图像进行处理，该模型计算每个类别中光学字符识别框的平均
数量，选择具有最多光学字符识别框的类别。

数据集的构建包括三个阶段，在第一阶段，人工标注员筛选出不包含文本的
图像。在第二阶段，由标注员提供了 1~2 个问题。在第三阶段，从标注员处收集
每个问题的 10 个答案，类似于 VQA [6,8] 和 VizWiz [4] 数据集的设置。通过对标注
员进行额外筛选以确保数据的质量。此外，还考虑了人工标注的问题，期望正确
的答案能过滤掉表现较差的标注员。

我们还提出了一个名为 LoRRA 的模型，作为这个新数据集的基线，如 12.4 节
所述。

12.2.2　ST-VQA

为了强调高级语义信息在视觉问答过程中的重要性，我们提出了一种新的数
据集——场景文本视觉问答（Scene Text Visual Question Answering，ST-VQA）。
在这个数据集中，只能根据图像中出现的文本来回答问题。

特别地，ST-VQA 数据集 [2] 包含了多个来源的自然图像，包括 ICDAR 2013 [9]、
ICDAR2015 [10]、ImageNet [11]、VizWiz [4]、IIIT STR [12]、Visual Genome [13] 和 COCO-
Text [14]。这些问题和答案都是通过 Amazon Mechanical Turk 收集的。ST-VQA 数
据集的格式类似于 TextVQA 的格式。在 ST-VQA 中，每个问题不是 TextVQA 数
据集的 10 个人工标注员的答案，而是由问题作者提供的一到两个真实的答案。ST-
VQA 数据集包括三个任务，难度逐渐增加：任务一，强调上下文，为每张图像提
供一个由 100 个词组成的动态候选字典；任务二，弱化上下文，为整个数据集提
供一个固定的由 30,000 个词组成的答案字典；任务三，开放字典，模型应在没有
额外信息的情况下生成一个答案。

ST-VQA 数据集有 23,000 张图像，每张图像最多有 3 个问答对，分为训练集
和测试集。训练集包括 19,000 张图像和 26,000 个问题，测试集有 3,000 张图像，每
个任务有 4,000 个问题。

为了自动地从这些数据源中选择图像，ST-VQA 使用端到端的单次文本检索
结构来选择至少包含 2 个文本实例的图像。

考虑到推理错误和文本识别错误，ST-VQA 采用了平均归一化莱文斯坦相似
度（Average Normalized Levenshtein Similarity，ANLS）作为官方评估指标。该
指标被定义为 $1 - d_L(a_{\text{pred}}, a_{\text{gt}}) / \max(|a_{\text{pred}}|, |a_{\text{gt}}|)$ 的平均值，其中，a_{pred} 和 a_{gt} 分
别表示预测答案和真实答案，d_L 是编辑距离。此外，所有阈值低于 0.5 的分数在

平均之前被截断为 0。

该数据集、性能评估脚本和一个在线评估服务都可以通过 ST-VQA 门户网站获得。

12.2.3　OCR-VQA

OCR-VQA 数据集 [3] 包含 207,572 张图书封面图像，基于模板的问题查询书名、作者、版本、类型、年份或其他信息。每个问题都有一个真实的答案，并且数据集假设这些问题的答案可以从图书封面图像中推断出来。该数据集可以从项目网站上浏览和下载。

12.3　OCR 标记表示

光学字符识别是计算机视觉中一个成熟的子领域，旨在检测和识别文本。该任务为构建一个具有阅读能力的通用视觉问答系统奠定了基础。

在光学字符识别领域，常用的方法可以分为文本检测和识别两部分。为了解决文本检测的问题，研究人员提出了几种基于全卷积神经网络（fully Convolutional Neural Networks）[15–18] 的方法。文本识别方法，如将文本识别作为一个逐字分类问题 [19]。连接主义时序分类（Connectionist Temporal Classification，CTC）也被广泛应用于场景文本识别 [7, 20–22]。近年来，有些方法 [23–25] 侧重于端到端结构，主要包括作为编码器的卷积神经网络以及作为解码器的长短期记忆神经网络。

在典型的 TextVQA 模型中，图像首先被一个独立的光学字符识别模型处理以生成光学字符识别标记，然后被编码为光学字符识别标记表示法。直观地说，为了在图像中表示文本，不仅需要编码文本字符，还需要编码文本的外观（例如颜色、字体和背景）及其在图像中的空间位置（例如出现在图书封面顶部的文字更可能是书名）。

通过外部光学字符识别系统在图像中获得一组 N 个光学字符识别标记后，从第 n 个标记（其中 $n = 1, 2, \cdots, N$）中提取多个光学字符识别标记表示：

- **FastText 特征**。通过使用预训练的 FastText 嵌入 [26]，甚至可以生成集外词（Out-of-Vocabulary，OOV）标记的词嵌入。这个词嵌入是一个包含子词信息的 300 维向量。
- **Faster R-CNN 特征**。从 Faster R-CNN 探测器中获得的外观特征，通过对光学字符识别标记的边界框进行 ROI 池化提取，边界框有 2048 维。
- **字符金字塔直方图特征（Pyramidal Histogram of Characters，PHOC）**。

它是一个604维向量，用于捕获标记中存在的字符。该特征对光学字符识别的识别错误具有更强的鲁棒性，可以被认为是一个粗粒度的字符模型。

- **位置特征**。下面的4维位置特征是基于光学字符识别标记的相对边界框坐标：

$$[x_{\min}/W_{\mathrm{im}}, y_{\min}/H_{\mathrm{im}}, x_{\max}/W_{\mathrm{im}}, y_{\max}/H_{\mathrm{im}}], \tag{12-1}$$

式中，W_{im} 和 H_{im} 分别表示图像的宽度和高度。

M4C[27] 首次提出对光学字符识别标记使用丰富的表示法，从而显著提升了模型的性能。

12.4　简单融合模型

最简单且最直接的方法是基于两种模态的简单成对融合。本节将介绍第一个简单的融合模型——LoRRA，它被提出作为 TextVQA[1] 数据集的基线模型。

LoRRA（Look, Read, Reason & Answer）[1] 是在 TextVQA 数据集发布的同时提出的用作基线的模型。该模型的代码最初被发布在 Pythia 框架中，随后被集成到更通用的 MMF[28] 框架中。

LoRRA 包含三个组件：VQA 组件用于根据图像 v 和问题 q 分析和推理答案；阅读组件允许模型读取图像中的文本；回答模块从答案空间获取预测或指向阅读组件读取的文本，如图 12-1 所示。因此，LoRRA 是对以前的视觉问答模型的简单扩展，带有一个额外的光学字符识别注意力分支。该模型将光学字符识别标记作为一个动态词汇表添加到答案分类器中，并使用一个复制模块来选择单个标记。

该方法会查看图像、读取文本、分析图像和文本内容，然后从固定的答案词

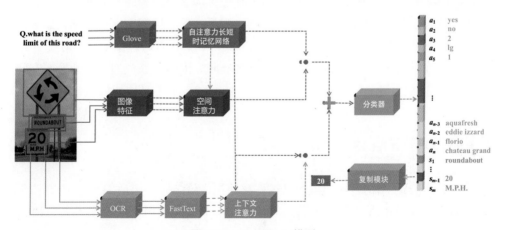

图 12-1　LoRRA 模型

汇表中选择答案 a 或选择一个 OCR 字符串 s 进行回答。虚线表示没有联合训练的组件，右边颜色较深的答案方块代表较高的注意力权重，光学字符识别标记"20"在示例中具有最高的注意力权重。

1. 视觉问答组件

问题 q 中的问题词首先嵌入一个预定义的嵌入函数 GloVe [29] 中，然后用一个长短期记忆递归网络（LSTM [30]）进行迭代编码，以产生一个问题嵌入 $f_Q(q)$。对于图像，存在两种视觉特征的表示形式：基于网格的卷积特征和（或）从边界框中提取的特征。这些特征被称为 $f_I(v)$，其中 f_I 是提取图像表示的网络。一个简单的注意力机制 f_A，根据 $f_I(v)$ 和 $f_Q(q)$ 平均分配视觉特征，作为输出，并将输出结果与问题嵌入相结合，计算视觉问答特征 $f_{\text{VQA}}(v, q)$：

$$f_{\text{VQA}}(v, q) = f_{\text{comb}}(f_A(f_I(v), f_Q(q)), f_Q(q)). \tag{12-2}$$

将前馈 MLP 应用于组合嵌入，以预测某一答案正确的可能性。

2. 读取组件

为了使一个模型能够从图像中读取文本，作者使用了一个独立的、没有与整个系统联合训练的光学字符识别模型。假设光学字符识别模型可以从图像中读取和返回单词标记。

在加权注意力计算过程中，特征乘以权重并取平均，会导致排序信息丢失。为了向回答模块提供原始光学字符识别标记的排序信息，需要将注意力权重与最终的加权平均特征连接起来。该框架允许回答模块按顺序识别每个标记的原始注意力权重。

3. 回答模块

对于答案空间，现有的视觉问答模型只能预测固定的标记，这限制了它们对集外词的泛化能力。由于图像中的文本经常包含训练中没有遇到的词汇，因此仅根据预设的答案空间很难回答文本的问题。为了确保对任意文本的泛化，作者借鉴了指针网络的思想，允许在上下文中指向集外词。作者通过添加一个对应于 M 个光学字符识别标记的动态组件来扩展答案空间。因此，该模型可以为答案空间中的 $N + M$ 项目预测概率 $(p_1, \cdots, p_N, \cdots, p_{N+M})$，而不是原始的 N 个项目。

12.5 基于 Transformer 的模型

Transformer 结构自提出以来已被广泛使用，该结构在包括 TextVQA 在内的多个多模态任务中表现出令人满意的性能。本节将介绍第一个模型，名为 M4C

（MultiModal Multicopy Mesh）[27]。该模型利用流行的 Transformer 结构来融合多种模态进行联合建模并迭代生成答案，这也使模型能够生成包含多个词的答案。该模型在多种数据集上都表现出了优秀的性能。

M4C 模型从三个方面进行了改进。第一个改进是采用 Transformer 结构，它能够使不同模态进行自然的融合。第二个改进是引入和加强光学字符识别表征的多种表示，如 12.3 节所述。这些额外的光学字符识别表示从多个方面促进了光学字符识别信息的利用。第三个改进是使用迭代解码器以及用于答案解码的动态指针网络。M4C 的整体结构如图 12-2 所示，通过特定领域的嵌入方法，将所有实体（问题词、检测到的视觉对象和检测到的光学字符识别表示）投影到一个公共的 d 维语义空间中，并且在投影实体列表上应用多个 Transformer 层。根据 Transformer 的输出，通过迭代自回归解码预测答案，在上述过程的每步中，模型通过动态指针网络选择一个光学字符识别标记，或者从其固定答案词汇表中选择一个词。

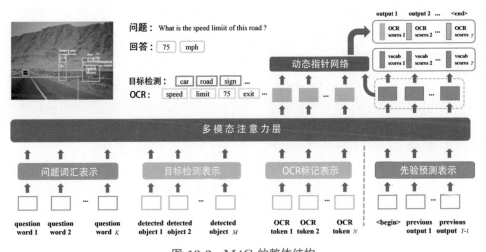

图 12-2 M4C 的整体结构

M4C 模型通过使用多模态 Transformer 结构融合不同的模态，而不是仅仅在两个模态之间采用自定义成对融合机制。

此外，M4C 并不将 TextVQA 视为一个预测步骤的简单分类问题。相反，由于 Transformer 结构的天然解码能力，该模型能够使用动态指针网络实现迭代答案解码。动态指针网络是通过计算每个光学字符识别表示的解码输出和输出表示的点积值（双线性交互）来实现的。

模型使用预训练的 BERT 模型将问题词嵌入相应的 d 维特征向量序列 $\{\boldsymbol{x}_k^{\text{ques}}\}$（其中，$k = 1, 2, \cdots, K$）。在训练过程中，通过问题回答损失对 BERT 参数进行微调。对于视觉对象，预训练的 Faster R-CNN 检测器获得一组 M 个对象的集合。使用检测器从第 m 个对象的输出提取外观特征 x_m^{fr}。位置特征 x_m^b 定义为第 m 个对象的相对边界框坐标：$[x_{\min}/W_{\mathrm{im}}, y_{\min}/H_{\mathrm{im}}, x_{\max}/W_{\mathrm{im}}, y_{\max}/H_{\mathrm{im}}]$，其中 W_{im} 和 H_{im} 分别表示图像的宽度和高度。对于光学字符识别表示，M4C 使用更详细的描述，可见 12.3 节。

所有实体（问题词、视觉对象和光学字符识别标记）都被嵌入 d 维的联合嵌入空间中。随后，在这些实体上使用 L 个 Transformer 层。通过 Transformer 中的多头自注意力机制，无论它们是否属于同一个实体，每个实体都可以自由地关注所有的其他实体。

12.6 图模型

本节介绍一种图模型，称为 Structured Multimodal Attention（SMA）[31]，它使用问题条件图注意力机制增强文本和视觉之间的推理能力。

SMA 首先使用结构化图表示对图像中出现的对象-对象、对象-文本和文本-文本关系进行编码，然后设计一个多模态图注意力网络进行分析。最后，使用全局-局部注意力回答模块处理来自上述模块的输出，通过迭代拼接光学字符识别和通用词汇表中的标记以生成答案。这种方法充分利用了图像中的多模态信息，通过结构化图表示和多模态图注意力网络进行关系分析，最后通过全局注意力回答模块产生答案。这种结构在处理视觉问答任务时表现出了较高的性能。

从高层次上看，SMA 由三个模块组成：一个问题自注意力模块，将问题分解为六个子组件，这些子组件在构建的对象-文本图中扮演不同角色；问题条件图注意力模块，在问题表示的引导下对图进行推理并推断不同节点的重要性及其关系；全局-局部注意力回答模块，可以生成多个单词拼接在一起的答案。SMA 的回答模块基于 M4C 中的迭代回答预测机制，对第一步输入进行了修改。

SMA 的关键组件，即问题条件图注意力模块，如图 12-3 所示。该模块构建了一个异构图，其混合节点以不同的颜色表示。引导信号有助于产生注意力权重，将注意力权重与节点表示融合以获得问题条件的特征。

一般而言，给定一个问题 Q，其中有 T 个单词 $q = \{q_t\}_{t=1}^T$，则 $\{x_t^{\mathrm{bert}}\}_{t=1}^T$ 可通过预训练的 BERT [32] 获得。分解后的问题特征（$s^o, s^{oo}, s^{ot}, s^t, s^{tt}, s^{to}$）被认为是按对象节点（$o$）、对象-对象边（$oo$）、对象-文本边（$ot$）、文本节点（$t$），文本-文本边（$tt$）和文本-对象边（$to$）分解的问题表示。

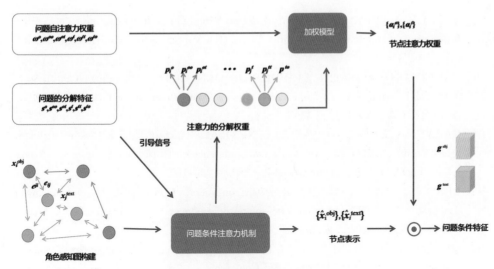

图 12-3　问题条件图注意力模块

参考文献

[1] SINGH A, NATARAJAN V, SHAH M, et al. Towards vqa models that can read.//Long Beach, CA, US: IEEE, 2019: 8317-8326.

[2] BITEN A F, TITO R, MAFLA A, et al. Scene text visual question answering.// Proceedings of the IEEE/CVF international conference on computer vision. Seoul, Korea (South): IEEE, 2019: 4290-4300.

[3] MISHRA A, SHEKHAR S, SINGH A K, et al. Ocr-vqa: Visual question answering by reading text in images.//2019 International Conference on Document Analysis and Recognition (ICDAR). Sydney, NSW, Australia: IEEE, 2019: 947-952.

[4] GURARI D, LI Q, STANGL A J, et al. Vizwiz grand challenge: Answering visual questions from blind people.//IEEE/CVF Conference on Computer Vision and Pattern Recognition. Salt Lake City, UT, USA: IEEE, 2018: 3608-3617.

[5] KRASIN I, DUERIG T, ALLDRIN N, et al. Openimages: A public dataset for large-scale multi-label and multi-class image classification. Dataset available from.

[6] GOYAL Y, KHOT T, SUMMERS-STAY D, et al. Making the V in VQA matter: Elevating the role of image understanding in visual question answering.// Proceedings of the IEEE Conference on Computer Vision and Pattern Recognition. Honolulu, HI, USA: IEEE, 2017: 6904-6913.

[7] BORISYUK F, GORDO A, SIVAKUMAR V. Rosetta: Large scale system for text detection and recognition in images.//Proceedings of the 24th ACM SIGKDD International Conference on Knowledge Discovery & Data Mining. New York, NY, USA: Association for Computing Machinery, 2018: 71-79.

[8] ANTOL S, AGRAWAL A, LU J, et al. VQA: Visual Question Answering.//2015 IEEE International Conference on Computer Vision (ICCV). Santiago,Chile:IEEE, 2015: 2425-2433.

[9] KARATZAS D, SHAFAIT F, UCHIDA S, et al. Icdar 2013 robust reading competition.//2013 12th International Conference on Document Analysis and Recognition. Washington, DC, USA: IEEE, 2013: 1484-1493.

[10] KARATZAS D, GOMEZ-BIGORDA L, NICOLAOU A, et al. Icdar 2015 competition on robust reading.//2015 13th International Conference on Document Analysis and Recognition (ICDAR). Tunis, Tunisia：IEEE, 2015: 1156-1160.

[11] DENG J, DONG W, SOCHER R, et al. Imagenet: A large-scale hierarchical image database.//2009 IEEE conference on computer vision and pattern recognition. Miami, FL, USA: IEEE, 2009: 248-255.

[12] MISHRA A, ALAHARI K, JAWAHAR C. Image retrieval using textual cues.//Proceedings of the IEEE International Conference on Computer Vision. Sydney, NSW, Australia: IEEE, 2013: 3040-3047.

[13] KRISHNA R, ZHU Y, GROTH O, et al. Visual genome: Connecting language and vision using crowdsourced dense image annotations. Kluwer Academic Publishers, 2017, 123(1): 32-73.

[14] VEIT A, MATERA T, NEUMANN L, et al. Coco-text: Dataset and benchmark for text detection and recognition in natural images. arXiv preprint arXiv:1601.07140, 2016.

[15] LIAO M, SHI B, BAI X, et al. Textboxes: A fast text detector with a single deep neural network.//Thirty-first AAAI conference on artificial intelligence. Palo Alto, California USA: AAAI Press, 2017: 4161-4167.

[16] LIAO M, SHI B, BAI X. Textboxes++: A single-shot oriented scene text detector. IEEE transactions on image processing, 2018, 27(8): 3676-3690.

[17] ZHOU X, YAO C, WEN H, et al. East: an efficient and accurate scene text detector.//Proceedings of the IEEE conference on Computer Vision and Pattern Recognition. Honolulu, HI, USA: IEEE, 2017: 2642-2651.

[18] HE W, ZHANG X Y, YIN F, et al. Deep direct regression for multi-oriented scene text detection.//Proceedings of the IEEE International Conference on Computer Vision. Salt Lake City, UT, USA: IEEE, 2017: 745-753.

[19] JADERBERG M, SIMONYAN K, VEDALDI A, et al. Reading text in the wild with convolutional neural networks. International journal of computer vision, 2016, 116(1): 1-20.

[20] SHI B, WANG X, LYU P, et al. Robust scene text recognition with automatic rectification.//Proceedings of the IEEE conference on computer vision and pattern recognition. Las Vegas, NV, USA: IEEE, 2016: 4168-4176.

[21] YIN X C, PEI W Y, ZHANG J, et al. Multi-orientation scene text detection with adaptive clustering. IEEE transactions on pattern analysis and machine intelligence, 2015, 37(9): 1930-1937.

[22] LIU X, LIANG D, YAN S, et al. Fots: Fast oriented text spotting with a unified network.//Proceedings of the IEEE conference on computer vision and pattern recognition. Salt Lake City, UT, USA: IEEE, 2018: 5676-5685.

[23] BUSTA M, NEUMANN L, MATAS J. Deep textspotter: An end-to-end trainable scene text localization and recognition framework.//Proceedings of the IEEE international conference on computer vision. Venice, Italy: IEEE, 2017: 2204-2212.

[24] LYU P, LIAO M, YAO C, et al. Mask textspotter: An end-to-end trainable neural network for spotting text with arbitrary shapes.//Proceedings of the European Conference on Computer Vision (ECCV). IEEE, 2018,43(2): 532–548.

[25] HE T, TIAN Z, HUANG W, et al. An end-to-end textspotter with explicit alignment and attention.//Proceedings of the IEEE conference on computer vision and pattern recognition. Salt Lake City, UT, USA: IEEE, 2018: 5020-5029.

[26] JOULIN A, GRAVE E, BOJANOWSKI P, et al. Bag of tricks for efficient text classification.//Proceedings of the 15th Conference of the European Chapter of the Association for Computational Linguistics. Valencia, Spain: Association for Computational Linguistics, 2017: 427–431.

[27] HU R, SINGH A, DARRELL T, et al. Iterative answer prediction with pointer-augmented multimodal transformers for textvqa.//Proceedings of the IEEE/CVF Conference on Computer Vision and Pattern Recognition. Long Beach, CA, USA: IEEE, 2020: 9992-10002.

[28] SINGH A, GOSWAMI V, NATARAJAN V, et al. Mmf: A multimodal framework for vision and language research. Meta, 2020.

[29] PENNINGTON J, SOCHER R, MANNING C D. Glove: Global vectors for word representation.// Proceedings of the 2014 Conference on Empirical Methods in Natural Language Processing (EMNLP). Doha, Qatar: Association for Computational Linguistics, 2014: 1532-1543.

[30] HOCHREITER S, SCHMIDHUBER J. Long short-term memory. Neural computation, 1997, 9(8): 1735-1780.

[31] GAO C, ZHU Q, WANG P, et al. Structured multimodal attentions for textvqa. IEEE Transactions on Pattern Analysis and Machine Intelligence, 2021,44(12): 9603-9614.

[32] DEVLIN J, CHANG M W, LEE K, et al. Bert: Pre-training of deep bidirectional transformers for language understanding.// Proceedings of the 2019 Conference of the North American Chapter of the Association for Computational Linguistics: Human Language Technologies, Volume 1 (Long and Short Papers). Minneapolis, Minnesota: Association for Computational Linguistics, 2019: 4171-4186.

第 13 章
CHAPTER 13

视觉问题生成

为了探索关于图像的问题是如何提出的,并抽象出图像中物体所引起的事件,我们提出了视觉问题生成(Visual Question Generation, VQG)任务。本章根据其目的是数据增强还是视觉理解,对视觉问题生成方法进行分类。

13.1 简介

自然问题关注的不是可以看到什么,而是根据可见对象能够推断出什么。为了超越对图像内容的文字描述并理解图像的抽象概念,研究人员引入了视觉问题生成[1]任务,即给定一张图像,系统必须提出一个自然且引人入胜的问题。视觉问题生成任务不仅可以用于视觉问答任务中的数据增强,还可以使机器更好地理解图像。本章描述了视觉问题生成任务的方法。根据上述概念,我们根据视觉问题生成任务的目的分为数据增强和视觉理解。针对数据增强的视觉问题生成方法分为从答案生成问题(13.2.1节)、从图像生成问题(13.2.2节)和对抗性学习(13.2.3节)。

13.2 数据融合中的视觉问题生成

视觉问题生成作为数据增强的关键目的是构建视觉问答的数据集。现有方法通常将视觉问题生成任务视为逆向的视觉问答任务,需要在所有图像区域和给定答案之间进行详尽的匹配。

13.2.1　从答案生成问题

1. 动机

为了提高视觉问答模型的鲁棒性，研究人员提出了一种以答案为中心的方法，这种方法只关注与答案相关的图像区域。该方法可以迅速地在图像中找到核心答案区域，并生成可以通过给定答案解决的问题。该框架确保所有生成的问题都能够被准确地回答。

2. 方法

Liu 等人 [2] 提出了一种 iVQA 模型，该模型可以在部分生成的问题和答案的引导下逐渐调整其注意力焦点。该框架是一个具有三个子网络的深度神经网络：图像编码器（ResNet-152 模型）、答案编码器（LSTM）和问题解码器（LSTM）。两个编码器为解码器提供输入，以生成一个符合条件答案和图像内容的句子。多模态注意力模块也是一个关键组件，它在给定两个编码器的输出和部分问题编码器的输出的条件下动态地指导图像注意力。

Shah 等人 [3] 提出了一个类似于条件图像描述模型的问题生成模块。问题生成模块由两个线性编码器组成，它们将从视觉问答模型获得的受关注的图像特征和答案空间的分布转换为低维特征向量。这些特征向量与噪声相加，并通过一个 LSTM 传递，该 LSTM 被训练用于重构原始问题，并通过实际强制方法最小化负对数似然进行优化。该模块不会将表示获得的答案的独热向量或获得的答案的嵌入传递给问题生成模块，而是将预测分布传递给答案。该框架使问题生成模块能够将模型的置信度映射到生成问题的答案上。

Liu 等人 [4] 提出了一种变分 iVQA 模型，该模型可以生成与给定答案匹配的多样化、语法正确且内容相关的问题。具体来说，问题编码器对图像编码，并得出高斯分布的均值和方差。随后，解码器将图像特征向量、答案编码向量和噪声向量作为输入并生成视觉问题。在训练和采样期间，噪声向量分别从 $N(\boldsymbol{\mu}, \sigma^2 \cdot \mathbf{1})$ 和 $N(\mathbf{0}, \mathbf{1})$ 中采样得到。

Xu 等人 [5] 提出了径向图卷积网络（Radial Graph Convolutional Network，Radial-GCN）方法，它只关注与答案相关的图像区域。Radial-GCN 方法通过将潜在答案与从所有图像区域学习到的语义标签进行匹配，能够迅速地在图像中找到核心答案区域。随后，自然地构建一个新颖的稀疏图径向结构，以便捕获核心节点（答案区域）和周边节点（其他区域）。随后，采用图注意力引导卷积传播并朝向可能更相关的节点，以便生成最终问题。

3. 性能和限制

从答案生成问题的模块只根据答案生成相应的问题，忽略了全局特征，不能生成更复杂、更详细的问题，或者基于图像中的更多特征的问题。这降低了问题的多样性，不适用于小数据集的情况。

13.2.2　从图像生成问题

1. 动机

与从答案生成问题相比，从图像生成问题旨在从图像中生成问题的模块可以生成各种类型的有信息量的问题。此方法使用答案标注图像并从标注中生成问题。

2. 方法

Kafle 等人 [6] 提出了两种根据图像生成问答对的方法，分别为使用图像标注的模板数据增强方法和基于长短期记忆的语言模型的生成方法。模板数据增强方法使用语义分割标注生成新的问答对。该模型从标注中综合了四种问题：是/否、计数、物体识别，以及场景、活动和运动识别。模板数据增强方法的一个主要困难是问题是固定的，并且可能与视觉问答数据集中通常提出的问题方式不太相似。为了解决这个问题，作者训练了一个生成关于图像问题的堆叠 LSTM。该网络由两个 LSTM 层组成，每层有 1,000 个隐藏单元，然后是两个全连接层，每层有 7,000 个单元，对应于通过将训练问题标记为单个单词而构建的词汇表的大小。第一个全连接层有一个 ReLU 激活函数，第二个全连接层有一个 7,000 维的 softmax 层。输出问题是一次生成一个单词，直到出现问题结束标记才结束。

Ray 等人 [7] 提出了一个问题生成器（question generator），用于合成具有相似意图的问题。具体来说，问题生成器首先连接图像的深层特征，并将问答对连接到嵌入矩阵中。图像特征是使用 ResNet 152 框架获得的。问答特征是使用问题中每个单词的嵌入获得的，这些嵌入被输入一个一层的问题编码器 LSTM 中。问题编码器 LSTM 的最后一个输出与图像特征连接。这些连接之后的特征被输入另一个一层的问题编码器 LSTM 以生成类似意图的问题。输出 LSTM 使用来自先验时间步长的输出作为输入和交叉熵损失。在评估过程中，使用前五种概率加权的随机抽样方法。

Krishna 等人 [8] 提出了一个可以最大化图像、预期答案和生成的问题之间的互信息的模型。在该模型的训练阶段，图像和答案被嵌入潜在空间 z 中并进行重建，从而将图像和答案的互信息最大化。在推理过程中，给定一个图像输入和一个答案类别（例如属性），模型将两个实体编码为潜在表示。该模型从带有噪声的潜在表示中获取样本，以生成与图像相关的问题，并且其答案结果为给定的答案类别。该框架允许模型为任何图像生成目标驱动的问题，重点是提取其对象和属性等。

Sarrouti 等人[9]引入了一种关于放射学图像的视觉问题生成方法——VQGR（Visual Questions Generation from Radiology images），即当显示一个图像时，可以提出问题的算法。VQGR首先基于上下文词嵌入和图像增强技术从现有示例中生成新的训练数据，随后，该框架使用变分自动编码器模型将图像编码到潜在空间并解码自然语言问题。

Alwatter 等人[10]提出了一种深层多级注意力模型解决逆向视觉问答问题。该模型在对象层次上生成区域视觉和语义特征，并使用注意力机制通过答案提示进行增强。模型采用了两个层次的多重注意力，包括部分问题编码步骤中的双重注意力和下一个问题词生成步骤中的动态注意力。

3. 性能和限制

尽管将图像特征添加到从图像生成问题的任务中可以生成包含更丰富图像信息的问题，但生成的主要问题仍然围绕答案的注意力区域，而全局（图像范围）特征对问题生成的影响有限，这是因为标注是根据答案生成的。

13.2.3　对抗学习

1. 动机

问答和问题生成具有内在联系，这两种任务可以相互促进。问答模型判断问题生成模型生成的问题是否与答案相关。相比之下，问题生成模型提供了在给定答案的情况下生成问题的概率，这能够促进问答任务的提升。对抗学习（Adversarial Learning）将问答和问题生成视为双重任务。训练框架为视觉问题生成和视觉问答设计了一个预训练的智能体，两个智能体的学习任务形成一个闭环，其目标是同时优化两个任务，通过强化学习相互引导。

2. 方法

Xu 等人[11]提出了视觉问题生成模型的对偶学习框架。视觉问题生成和视觉问答两个智能体最初都配备了预训练模型。两个智能体的学习任务形成一个闭环，其目标被同时优化，通过强化学习相互引导，并将特定的奖励信号作为反馈提供给每个任务。

Li 等人[12]提出了一种端到端的统一模型，即可逆问答网络（invertible Question Answering Network，iQAN），它由视觉问答和视觉问题生成两个模块组成。通过引入新的参数共享方案和对偶正则化器，视觉问答和视觉问题生成模型被制定为逆过程。输入的问题和答案分别使用卷积神经网络和查找表编码为固定长度的特征。使用注意力和MUTAN融合模块获得预测特征。预测的特征用于获得输出（对问题和答案分别使用LSTM和线性分类器）。

Zhang等人[13]提出了一个基于深度强化学习的框架，该框架基于三个新的中间奖励——目标实现、渐进性和信息性，这些奖励有助于生成简洁的问题。目标对象被分配给预言机（Oracle），视觉问题生成和猜测者（guesser）并不知道。随后，视觉问题生成会生成一系列问题由预言机回答。在训练期间，预言机根据每轮中的所有对象回答的问题并衡量信息性奖励。此外，猜测者生成一个概率分布来衡量渐进性奖励。最后，考虑问题的轮数，并根据成功状态设置目标达成奖励。这些中间奖励被用于通过强化来优化视觉问题生成模型。

Fan等人[14]提出了自然判别器和人工编写的判别器，以增强训练。强化学习框架被用于合并来自两个判别器的分数并作为奖励，来指导问题生成器的训练。

Guo等人[15]提出了一种新的视频问题生成框架，该框架引入了注意力机制来处理对话历史的推断问题。选择机制用于从每轮对话历史生成的候选问题中选择一个问题。利用最新的视频问答模型预测生成问题的答案，并将答案质量作为奖励，基于强化学习机制对模型进行微调。

3. 性能和限制

由于对抗学习是通过不断地输入新类型的对抗性样本进行训练，从而不断提高模型的鲁棒性、有效性，因此该方法需要使用高质量的对抗样本和具有足够表现力的网络结构。然而，深度神经网络训练阶段的缺陷使得这些框架容易受到对抗样本的攻击，例如由对手精心设计的输入，目的是导致深度神经网络分类错误。

13.3 作为视觉理解问题的视觉问题生成

与作为数据增强的视觉问题生成相比，作为视觉理解的视觉问题生成不再依赖于问题的答案，而是基于场景理解和先验信息生成更高认知水平的问题，即可以推断的内容，而不是通过视觉看到的图像。

1. 动机

视觉问题生成作为视觉理解的目的是生成目的明确的问题——学习有关图像的特定知识的问题。作为视觉理解的视觉问题生成使用图像特征作为输入来生成具有开放式答案的问题。由于单独使用图像特征会导致过度关注图像，因此通常会引入图像描述来实现视觉和文本表示之间的有效对齐。

2. 方法

Jain 等人 [16] 提出了一种创造性的视觉问题生成算法，它结合了变分自动编码器和长短期记忆网络的优点。当使用变分自动编码器时，为编码器（Q 分布）和解码器（P 分布）选择合适的 LSTM 模型至关重要。Q 分布将给定的句子和图像信号编码为潜在表示。词汇的 V 维独热编码是线性嵌入的。嵌入和 F 维图像特征是 LSTM 的输入，经过变换以适应 H 维隐藏空间。最终的隐藏表示通过两个线性映射进行转换，以估计均值和对数方差。P 分布用于重建给定问题、图像表示和 M 变量随机样本。为了获得预测，将 H 维潜在空间转换为 V 维预测结果。

Zhang 等人 [17] 提出了一个模型，将条件图像描述模型生成的图像和描述作为输入，对最可能的问题类型进行采样，并按顺序生成问题。首先，DenseCap 用于构建条件描述，为问题提供几乎完整的信息覆盖。随后，这些描述被输入问题类型选择器中，以对最可能的问题类型进行采样。将 VGG16 生成的问题类型、条件描述和视觉特征作为输入，问题生成器将这些信息解码以形成问题。

Rothe 等人 [18] 提出了一种概率生成模型，旨在预测人们可能会或可能不会提出的问题。通过 [询问和评估自然语言问题]，该模型的参数适合预测人类在数据集中特定上下文中提出特定问题的频率。通常来说，拟合的生成模型是问题类程序空间中的密度估计问题，其中的空间由语法定义。

Patro 等人 [19] 提出使用多模态差分网络生成问题。该模型主要包含三个模块：提取多模态特征的表示模块、融合多模态表示的混合模块和使用 LSTM 的语言模型生成问题的解码器。

Fan 等人 [20] 提出了一个问题类型驱动的框架，为具有不同焦点的给定图像生成多个问题。在这个框架中，每个问题都是按照抽样问题类型以序列到序列的方式构建的。为了使生成的问题多样化，作者引入了一种新颖的条件变分自动编码器生成具有特定问题类型的多个问题。此外，作者制订了一种策略，对每张图像进行问题类型分布学习，以选择最终问题。

Uehara 等人 [21] 提出了一种方法，用于生成有关图像中未知对象的问题，以获得有关尚未学习类别的信息。首先，使用对象区域检测模块检测输入图像中的对象。其次，未知物体分类和目标选择模块识别每个物体是否未知，并选择物体区域作为问题的目标。最后，视觉问题生成模块使用从整个图像和目标区域中提取的特征生成问题。

Patro 等人 [22] 提出了一种深度贝叶斯学习框架，它结合了多种视觉和语言线索来生成问题。该模型有三位专家，分别叫作地点专家、描述专家和标签专家，提供与不同线索相关的信息（建议）。随后，使用调节器权衡该建议并将生成的嵌入向量传递给解码器以生成问题。

Scialom 等人 [23] 提出了 BERT-gen，这是一种基于 BERT 的文本生成结构，可以利用单模态表示或多模态表示。在这项研究工作中，文本和视觉输入被视为序列。描述通过 BERT 嵌入编码，而视觉嵌入通过线性层获得，用于将图像表示投射到嵌入层。

3. 性能和限制

这种方法的局限性在于，尽管引入了图像描述任务以进行改进，但它的有效性有限。当在复杂的场景中生成问题时，会面临生成单一类型问题和缺少详细问题的挑战。

参考文献

[1] MOSTAFAZADEH N, MISRA I, DEVLIN J, et al. Generating natural questions about an image. Proceedings of the 54th Annual Meeting of the Association for Computational Linguistics (Volume 1: Long Papers). Berlin, Germany: Association for Computational Linguistics, 2016: 1802-1813.

[2] LIU F, XIANG T, HOSPEDALES T M, et al. ivqa: Inverse visual question answering. 2018 IEEE/CVF Conference on Computer Vision and Pattern Recognition. Salt Lake City, UT, USA: IEEE, 2018: 8611-8619.

[3] SHAH M, CHEN X, ROHRBACH M, et al. Cycle-consistency for robust visual question answering.//2019 IEEE/CVF Conference on Computer Vision and Pattern Recognition (CVPR). Long Beach, CA, USA: IEEE, 2019: 6642-6651.

[4] LIU F, XIANG T, HOSPEDALES T M, et al. Inverse visual question answering: A new benchmark and vqa diagnosis tool. IEEE Transactions on Pattern Analysis and Machine Intelligence. Long Beach, CA, USA: IEEE, 2020, 42(2): 460-474.

[5] XU X, WANG T, YANG Y, et al. Radial graph convolutional network for visual question generation. IEEE Transactions on Neural Networks and Learning Systems. IEEE, 2021, 32(4): 1654-1667.

[6] KAFLE K, YOUSEFHUSSIEN M A, KANAN C. Data augmentation for visual question answering.//Proceedings of the 10th International Conference on Natural Language Generation. Santiago de Compostela, Spain: Association for Computational Linguistics, 2017: 198-202.

[7] RAY A, SIKKA K, DIVAKARAN A, et al. Sunny and dark outside?! improving answer consistency in vqa through entailed question generation.//Proceedings of the 2019 Conference on Empirical Methods in Natural Language Processing. Hong Kong, China: Association for Computational Linguistics, 2019: 5860-5865.

[8] KRISHNA R, BERNSTEIN M S, FEI-FEI L. Information maximizing visual question generation. 2019 IEEE/CVF Conference on Computer Vision and Pattern Recognition(CVPR). Long Beach, CA, USA: IEEE, 2019: 2008-2018.

[9] SARROUTI M, ABACHA A B, DEMNER-FUSHMAN D. Visual question generation from radiology images.//Proceedings of the First Workshop on Advances in Language and Vision Research. Online: Association for Computational Linguistics, 2020: 12-18.

[10] ALWATTER Y, GUO Y. Inverse visual question answering with multi-level attentions.//Proceedings of The 12th Asian Conference on Machine Learning. arXiv preprint arXiv:1909.07583, 2019.

[11] XU X, SONG J, LU H, et al. Dual learning for visual question generation. 2018 IEEE International Conference on Multimedia and Expo (ICME). San Diego, CA, USA: IEEE, 2018: 1-6.

[12] LI Y, DUAN N, ZHOU B, et al. Visual question generation as dual task of visual question answering. 2018 IEEE/CVF Conference on Computer Vision and Pattern Recognition. Salt Lake City, UT, USA: IEEE, 2018: 6116-6124.

[13] ZHANG J, WU Q, SHEN C, et al. Asking the difficult questions: Goal-oriented visual question generation via intermediate rewards.//Computer Vision – ECCV 2018: 15th European Conference. Berlin, Heidelberg: Springer, 2018: 189-204.

[14] FAN Z, WEI Z, WANG S, et al. A reinforcement learning framework for natural question generation using bi-discriminators.//Proceedings of the 27th International Conference on Computational Linguistics. Santa Fe, New Mexico, USA: Association for Computational Linguistics, 2018: 1763-1774.

[15] GUO Z, ZHAO Z, JIN W, et al. Multi-turn video question generation via reinforced multi-choice attention network. IEEE Transactions on Circuits and Systems for Video Technology, 2021,31(5): 1697-1710.

[16] JAIN U, ZHANG Z, SCHWING A. Creativity: Generating diverse questions using variational autoencoders. 2017 IEEE Conference on Computer Vision and Pattern Recognition (CVPR), Honolulu, HI, USA: IEEE, 2017: 5415-5424.

[17] ZHANG S, QU L, YOU S, et al. Automatic generation of grounded visual questions. Proceedings of the 26th International Joint Conference on Artificial Intelligence. AAAI Press, 2017.

[18] ROTHE A, LAKE B, GURECKIS T. Question asking as program generation.//Proceedings of the 31st International Conference on Neural Information Processing Systems. Red Hook, NY, USA: Curran Associates Inc., 2017: 1046-1055.

[19] PATRO B N, KUMAR S, KURMI V, et al. Multimodal differential network for visual question generation.//Proceedings of the 2018 Conference on Empirical Methods in Natural Language Processing. Brussels, Belgium: Association for Computational Linguistics, 2018: 4002-4012.

[20] FAN Z, WEI Z, LI P, et al. A question type driven framework to diversify visual question generation.//Proceedings of the 27th International Joint Conference on Artificial Intelligence. Palo Alto, California USA: AAAI Press, 2018: 4048-4054.

[21] UEHARA K, DE PABLOS A T, USHIKU Y, et al. Visual question generation for class acquisition of unknown objects.//Computer Vision -ECCV 2018: 15th European Conference. Berlin, Heidelberg: Springer, 2018: 492-507.

[22] PATRO B N, KURMI V, KUMAR S, et al. Deep bayesian network for visual question generation. 2020 IEEE Winter Conference on Applications of Computer Vision (WACV). Snowmass, CO, USA: IEEE, 2020: 1555-1565.

[23] SCIALOM T, BORDES P, DRAY P A, et al. Bert can see out of the box: On the cross-modal transferability of text representations. ArXiv preprint arXiv:2002.10832, 2020.

第 14 章
CHAPTER 14

视觉对话

视觉对话是一项重要且复杂的视觉和语言任务，它通过处理图像的视觉特征，以及描述、问题和历史记录的文本特征来回答问题。为了完成这项任务，机器必须具备感知、多模态推理、关系挖掘和视觉指代表达理解的能力。本章简要描述相关方法的挑战，并介绍两项基准测试。随后，对相关方法从四个维度进行全面回顾。

14.1 简介

视觉对话（Visual Dialogue，VD）是一项处于计算机视觉和自然语言处理的交叉点的跨模态任务。依靠推理、定位、识别和翻译的能力，视觉对话智能体有望根据图像、描述和历史对话回答问题。因此，视觉对话任务涉及视觉问答（添加描述和历史作为输入）、视觉定位（将位于边界框中的视觉信息转换为人类语言）和图像描述生成（根据历史和问题生成描述）。

视觉对话作为视觉和语言领域的一个经典问题，必须同时处理视觉和语言两种模态的输入。多模态输入的处理可分为感知和推理两部分。感知强调单模态的特征提取，推理强调多模态特征的进一步交互和关联，以获得多模态联合特征表示。具体来说，视觉对话要求模型不仅要理解问题的意图，还要提取问题相对应的图像内容，并抽象出与该问题相关的历史信息。因此，与多模态特征相关的复杂推理对于视觉对话来说是一项相当大的挑战。

此外，在视觉对话中，有几个代词指代以前出现过的事物或人，这对人来说很容易，但对机器来说很难理解。特别是，机器不仅要能够解析代词，还要能够进一步将代词与视觉场景中的目标对象关联起来，这就是视觉对话的视觉共指消解（Visual Coreference Resolution）。

此外，视觉对话还面临数据集偏见的问题，主要是语言偏见问题。具体来说，在训练阶段，视觉对话模型可能会过度依赖问题和答案之间的相关性，并记住问题和答案之间的匹配模式，从而忽略了对图像内容的探索。因此，性能和鲁棒性受到很大限制。因此，解决语言偏见并增强模型的通用性和鲁棒性是视觉对话任务的关键。

为了解决上述问题，自引入视觉对话任务以来，研究人员已经提出了一系列方法。对于视觉和语言推理，几种基于注意力机制的方法（14.3节）已被提出专注于与问题相关的信息，并且已经提出基于图的方法（14.5节）用于挖掘不同类型特征之间的关系。此外，许多视觉指代表达理解（14.4节）被提出用于解决指代问题。此外，一些研究人员引入了预训练模型（14.6节），这些模型从其他视觉和语言数据集或其他任务中学习视觉语义知识，以解决数据集偏见问题。实验主要在两个基准上进行——VisDial 和 GuessWhat?!

在下一节中，我们将介绍数据集并全面回顾这四类方法。

14.2 数据集

人们已经为视觉对话任务建立了一系列数据集。本节将介绍现有的两个主流视觉对话数据集，以及它们的构建机制和主要特征，如表14-1所示。

表 14-1　视觉对话的主流数据集及其主要特征

数据集	图片数量/个	问答组数量/个	对话数量/个	图像源
VisDial [1]	133,351	1,261,510	133,351	MS COCO
GuessWhat?! [2]	66,537	821,889	160,745	MS COCO 和 Flickr

1. VisDial

VisDial [1] 是视觉对话的基准数据集之一，有两个版本——VisDial-v0.9 和 VisDial-v1.0。VisDial-v0.9是通过游戏收集的，其上下文来自MS COCO 数据集 [3] 收集的图像和描述。对于关于图像的对话，两位标注员通过一个互动游戏进行标注。在游戏中，一位标注员扮演提问者的角色，另一位标注员扮演回答者的角色。提问者只能看到描述和对话历史，看不到图像，而回答者可以看到描述、对话历史和图像。为了理解图像内容，提问者会针对看不见的图像进行连续提问。回答者根据提问者的问题，结合图像和对话历史提供答案。通过收集数据的过程，每张图像都匹配了10轮问答对话。VisDial-v0.9分为两个子集：训练集和验证集。VisDial-v1.0的采集过程与 VisDial-v0.9 相同。VisDial-v1.0 分为三个子集：训练集、验证集和测试集。VisDial-v1.0 的训练集由 VisDial-v0.9 的所有数据组成，图像和对话是从 MS COCO 数据集获得的。VisDial-v1.0 的验证集和测试集来自 Flickr 图像 [4]。VisDial-v1.0 的验证集包含 2,000 个对话，测试集包含 8,000 个对话。

2. GuessWhat?!

GuessWhat?! [2] 是一个由 15 万个人类游戏组成的大规模数据集，在 6.6 万张图像上共有 80 万个视觉问答对。该数据集与合作的两人游戏有关，在该游戏中，两名玩家都可以看到具有多个对象的丰富视觉场景的图片。其中一名玩家——预言者——被随机分配到场景中的一个对象（可能是一个人）；另一名玩家——提问者——不知道这个对象，他的目标是找到隐藏的对象。为此，提问者可以提出一系列由预言者回答的是/否问题。

14.3　注意力机制

一般的神经网络通过使用大量的数据进行训练来识别对象。例如，经过大量手写数字训练的神经网络可以识别一个新的手写数字所代表的值。但是，这种方式训练的神经网络实际上相当于处理了一张图片的全部特征。虽然神经网络学习了图像的特征并进行分类，但这些特征在神经网络的"眼中"并没有什么不同，神经网络也不会过度关注某个特定的"区域"。一般来说，当人类看一张图片时，会将注意力集中在图片的某个区域。除了整体把握一张图片，人类更关注图片的局部信息，比如桌子的位置、商品种类等，而其他信息较少受到关注。计算机视觉中的注意力机制的基本思想是确保计算机学会忽略无关的信息并专注于关键信息。在视觉对话任务中，基于注意力机制的方法通过对问题或图像的注意力加权，增强视觉和语言的交互作用，准确捕捉问题和图像的主题信息。根据对提出的问题和历史对话的理解，为图像区域分配重要性权重，以确定与问题最相关的区域。本节将介绍几种基于注意力机制的典型方法。

14.3.1　具有注意力的分层循环编码器和记忆网络

Das 等人 [1] 引入了两个具有注意力机制的基线模型，即具有注意力的分层循环编码器（Hierarchical Recurrent Encoder with Attention，HREA）和记忆网络（Memory Network）。HREA 在提取图像和问题的特征后提取对话历史的特征，随后将对话历史中的每个词进行注意力加权计算。记忆网络根据图像和问题的特征对每个对话历史进行注意力加权计算。

1. 具有注意力的分层循环编码器

HREA 仅将过去的最后一对问答视为对话历史，在提取图像和问题的特征后，计算对话历史中每个单词的注意力权重，以提取对话历史的特征。如图 14-1 所示，HREA 包含一个位于循环块（R_t）之上的对话循环神经网络。循环块 R_t 通过 LSTM 联合嵌入问题和图像，嵌入历史 H_t 的每个轮次，并将这些实体的连接传递给它上方的对话循环神经网络。对话循环神经网络会生成本轮的编码（E_t）和对话上下文，并将其传递到下一轮。此外，还存在一种历史注意力机制，允许循环块 R_t 选择并关注与当前问题相关的历史轮次。这种注意力机制由一个 softmax 组成，它是根据历史和问题＋图像编码前几轮 $(0, 1, \cdots, t - 1)$ 中计算出来的。

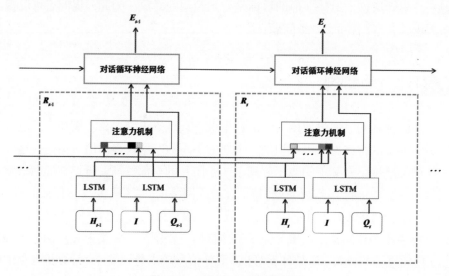

图 14-1　HREA 编码器结构

2. 记忆网络

记忆网络根据图像和问题的特征计算每段对话历史的注意力权重，将每个问答对存储为"事实"，并根据事实回答当前问题。

然而，所有这些方法都直接用句子特征处理对话历史和问题，同时使用扁平化特征处理图像，在高层次上只考虑了句子和图像的整体信息，而在低层次中忽略了句子中单词和图像中的区域的详细信息。

14.3.2　历史条件图像注意力编码器

1. 动机

一种常见的方法是使用一种带有注意力机制的编码器结构，通过识别对话历史中有助于回答当前问题的部分，来隐式地进行指代消解，同时考虑图像的整体表示。直观地说，人们会期望答案被定位到图像中的区域，并且与被关注的历史保持一致。出于这个动机，Lu 等人[5]提出了历史条件图像注意力编码器（History-Conditioned Image Attentive Encoder，HCIAE），如图 14-2 所示。

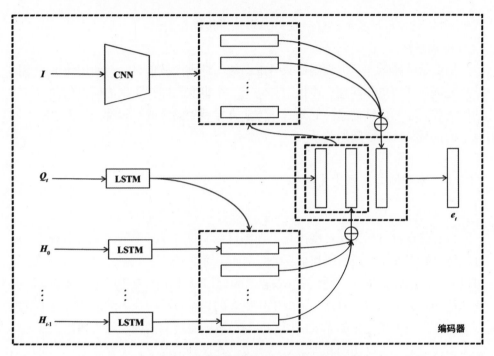

图 14-2　历史条件图像注意力编码器的结构

2. 方法

HCIAE 使用图像的空间特征。具体来说，该框架考虑了对话的顺序依赖性，并应用了注意力机制来选择对话历史的相关信息来补充问题的信息。随后，该方法使用另一种注意力机制来选择图像的相关空间区域，以捕获目标视觉信息用于问题解答。具体来说，HCIAE 使用卷积神经网络的卷积层的空间图像特征 $V \in \mathcal{R}^{d \times k}$。$q_t$ 用 LSTM 编码得到向量 $m_t^q \in \mathcal{R}^d$。同时，前一轮历史 $(H_0, \cdots, H_{t-1})$ 与另一个 LSTM 分别编码为 $M_t^h \in \mathcal{R}^{d \times t}$。该模型以问题嵌入为条件，关注历史。关注的历史嵌入和问题嵌入的表示被连接起来，并作为处理图像的输入：

$$z_t^h = w_a^T \tanh(W_h M_t^h + (W_q m_t^q)\mathbb{1}^T), \tag{14-1}$$

$$\alpha_t^h = \mathrm{softmax}(z_t^h), \tag{14-2}$$

式中，$\mathbb{1} \in \mathcal{R}^t$ 是一个所有元素都设为 1 的向量；$W_h, W_q \in \mathcal{R}^{t \times d}, w_a \in \mathcal{R}^k$ 是要学习的参数；$\alpha \in \mathcal{R}^k$ 是对历史的注意力权重。所关注的历史特征 $\hat{m}_t^h$ 是 M_t 列的凸组

合，由 α_t^h 的元素适当加权。随后，我们将 $\boldsymbol{m}_t^q$ 和 $\hat{\boldsymbol{m}}_t^h$ 串联起来作为查询向量，以类似的方式得到关注的图像特征 $\hat{\boldsymbol{v}}_t$。使用这三个组件来获得最终的嵌入 $\boldsymbol{e}_t$：

$$\boldsymbol{e}_t = \tanh(\boldsymbol{W}_e[\boldsymbol{m}_t^q, \hat{\boldsymbol{m}}_t^h, \hat{\boldsymbol{v}}_t]), \tag{14-3}$$

式中，$\boldsymbol{W}_e \in \mathcal{R}^{d \times 3d}$ 表示权重参数；[,] 表示拼接操作。

3. 局限性

历史条件图像注意力编码器只考虑图像的详细区域信息，而使用句子的整体信息处理对话历史和问题。该框架忽略了一个事实，即句子中的词也包含关于对话历史和问题的详细信息。此外，该方法直接利用图像的空间特征，而忽略了图像中的区域与区域之间的关系。

14.3.3 序列协同注意力生成模型

1. 动机

现有的视觉对话系统过度简化了训练目标，只专注于衡量词级的正确性。此外，生成的回答往往是通用和重复的。例如，简单地回答"是""否""我不知道"可以安全地回答大量的问题，并导致较高的 MLE 目标值。要生成更全面的答案并使智能体更深入地参与对话，需要采用更多的训练过程。令人满意的对话生成模型应该产生与人类产生的无异的回答。与只有一轮提问的视觉问答相比，视觉对话有多轮对话，需要访问和理解对话历史。在这种情况下，需要建立一个可以结合多种信息源的编码器。一种简单的方法是分别表示输入图像、历史和问题，并将它们连接起来以学习联合嵌入。但是，确保模型根据问题有选择地关注图像区域和对话历史片段会更有效。考虑到这些方面，Wu 等人[6] 提出了一种基于对抗学习的方法来生成视觉对话。

2. 方法

如图 14-3 所示，该模型由两部分组成：一个顺序协同注意力生成器和一个判别器。顺序协同注意力生成器接受图像、问题和对话元组并作为输入，同时使用协同注意力编码器对它们进行联合分析。判别器（discriminator）通过考虑注意力权重来识别每个答案是由人类生成的还是由生成模型生成的。判别器的输出用作奖励，以推动生成器生成与人类可能生成的无异的回答。该模型使用传统的对话生成器，即使用卷积神经网络和长短时记忆网络对图像、问题和对话历史进行编码，并使用协同注意力模型为每个局部表示分配权重。然后，将局部特征与权重求和，得到一个注意力特征，并使用长短时记忆网络对该特征进行解码，得到相应的答案。该模型的关键点在于，在模型后面添加了一个判别器，以区分输入答案是人工生成的还是机器生成的。输入不仅包括相应的问题和答案，还包括注意力的输出，以确保判别器在一定的情况下能够分析问题和答案是否合理。判别器生成的概率被用作生成器的奖励，以更新生成器的参数。

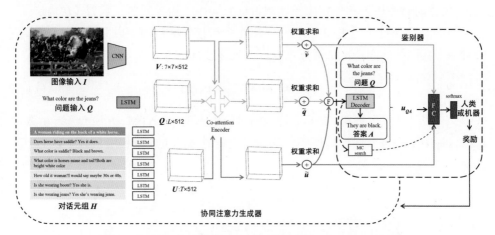

图 14-3　具有顺序协同注意力生成模型的对抗性学习框架

生成器中的注意力模型为顺序协同注意力模型，如图14-4所示。具体来说，该框架指的是编码器-解码器风格的生成模型，已被广泛应用于序列生成问题中。该模型首先使用预训练的卷积神经网络[7]从卷积层提取空间图像特征 $\boldsymbol{V} = [v_1, \cdots, v_N]$，其中 N 为图像区域的数量。问题的特征是 $\boldsymbol{Q} = [q_1, \cdots, q_L]$，式中，$q_l = \mathrm{LSTM}(w_l, q_{l-1})$，即给定问题的输入词 w_l 的第 l 步 LSTM 的隐藏状态；L 是问题的长度。历史 $\boldsymbol{H}$ 由一连串的语句组成，该模型分别提取每个语句特征来识别对话历史特征，即 $\boldsymbol{U} = [u_0, \cdots, u_T]$，其中 T 为语句（问答对）的轮数。每个 u 都是LSTM的最后一个隐藏状态，它接受语篇词序列并作为输入。给定已编码的图像、对话历史和问题特征 $\boldsymbol{V}$、$\boldsymbol{U}$ 和 $\boldsymbol{Q}$，该模型使用一种协同注意力机制，以其他两种特征作为引导，按顺序为每种特征类型生成注意力权重。每个协同注意力操作记为 $\tilde{x} = \mathrm{CoAtten}(\boldsymbol{X}, \boldsymbol{g}_1, \boldsymbol{g}_2)$，可表示为

$$
\begin{aligned}
\boldsymbol{H}_i &= \tanh(\boldsymbol{W}_x x_i + \boldsymbol{W}_{g_1} g_1 + \boldsymbol{W}_{g_2} g_2), \\
\alpha_i &= \mathrm{softmax}(\boldsymbol{W}^\top \boldsymbol{H}_i), \quad i = 1, \cdots, M, \\
\tilde{x} &= \sum_{i=1}^M \alpha_i x_i,
\end{aligned}
\tag{14-4}
$$

式中，$\boldsymbol{X}$ 表示输入特征序列（$\boldsymbol{V}$、$\boldsymbol{U}$ 和 $\boldsymbol{Q}$）；$g_1, g_2 \in \mathbb{R}^d$ 表示引导作为前面注意力模块的输出；d 表示特征维数；$\boldsymbol{W}_x, \boldsymbol{W}_{g_1}, \boldsymbol{W}_{g_2} \in \mathbb{R}^{h \times d}$ 和 $\boldsymbol{W} \in \mathbb{R}^h$ 是可学习的参数；h 表示注意力模块的隐层大小；M 表示输入序列长度，对应不同特征输入的

N、L 和 T。

如图14-4所示，在提出的过程中，使用初始问题特征关注图像。加权的图像特征和初始问题表示相结合，以关注对话历史中的语句，以产生关注的对话历史（$\tilde{u}$）。关注的对话历史和加权图像区域特征共同用于指导问题注意力（$\tilde{q}$）。最后，在关注的问题和对话历史的指导下，实现图像注意力（$\tilde{v}$），以完成对话的闭环。所有三个共同关注的特征都被连接并嵌入最终特征 $\boldsymbol{F}$ 中：

$$\boldsymbol{F} = \tanh(\boldsymbol{W}_{eg}[\tilde{\boldsymbol{v}}; \tilde{\boldsymbol{u}}; \tilde{\boldsymbol{q}}]) \tag{14-5}$$

式中，[;] 表示连接运算符。最后，将该向量的表示输入LSTM，用softmax函数计算在目标中生成每个标记的概率，从而形成响应 $\hat{\boldsymbol{A}}$。生成过程用 $\pi(\hat{\boldsymbol{A}} \mid \boldsymbol{V}, \boldsymbol{U}, \boldsymbol{Q})$ 表示。

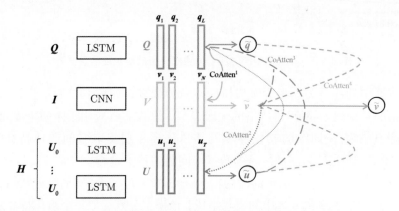

图 14-4　序列协同注意力编码器

3. 局限性

尽管顺序协同注意力模型利用协同注意力机制来捕获跨模态相关性，但其推理能力有限。该模型通常将多模态特征连接起来，并通过神经网络将连接后的特征直接投射到答案特征空间中。由于对话的单一向量表示，推理过程没有充分利用该任务中丰富的关系信息。此外，相关的前馈神经网络无法在固有的对话结构上深入和迭代地挖掘和推理来自不同对话实体的信息。

14.3.4　协同网络

1. 动机

经典的视觉对话系统集成了图像、问题和历史，以搜索或生成最佳匹配的答案，因此这种方法忽略了答案的作用。考虑到这一点，郭等人 [8] 提出了一种新颖的图像-问题-答案协同网络（Synergistic Network）来强调答案在精确视觉对话中的作用。

2. 方法

如图14-5所示，协同网络将传统的一阶段解决方案扩展到二阶段解决方案。第一阶段称为初级阶段，学习图像、对话历史和初始问题的代表向量。为此，使用 Faster R-CNN 在输入图像中检测对象及其特征。这些特征是使用卷积神经网络编码的。由于问题和对话历史包含文本数据，因此使用 LSTM 对这些实体进行编码。在初级阶段生成的所有候选答案都根据它们与图像和问题对的相关性进行评分。第二阶段称为协同阶段，与图像和问题协同的答案根据其正确性的概率进行排序。

这种协同网络的设计不仅仅是为了提高对话生成的准确性，还考虑到了答案与图像和问题之间的紧密联系。通过二阶段方法，确保了生成的答案不仅与给定的图像和问题相关，而且在上下文中是有意义和正确的。

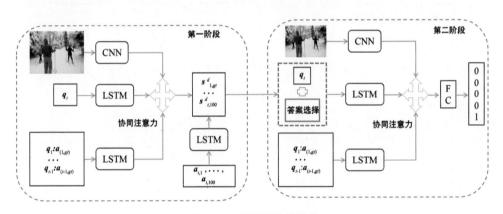

图 14-5　协同网络的结构

第一阶段采用编码器-解码器方案，每个答案的得分就是该词序列的关联概率，如图14-6所示，编码器执行两个主要任务：在多轮对话中取消指代和定位当前问题中提到的图像中的对象。注意力机制通常用于执行任务。该框架没有选择线性连接，而是选择了多模态分解双线性池化（Multimodal Factorized Bilinear pooling，MFB）[9]，因为该框架可以克服两个特征分布之间的差异（其中长短时记忆网络分别用于处理当前问题和历史问答对这两种文本模态；卷积神经网络处理视觉模态）。在MFB中，两个特征 X，$Y \in R^d$ 的融合计算如下：

$$z = \mathrm{MFB}(X, Y) = \sum_{i=1}^{k}(U_i^{\top} X \circ V_i^{\top} Y) \tag{14-6}$$

式中，$\boldsymbol{U}$ 和 $\boldsymbol{V} \in R^{d \times l \times k}$ 表示要学习的参数；k 表示因子个数；l 表示隐藏层的大小；$\circ$ 表示哈达玛积（元素乘法）。然而，$\boldsymbol{Y}$ 有时代表多个通道输入，例如该模型中检测到的对象或历史，因此公式可以表示如下：

$$z = \mathrm{MFB}(\boldsymbol{X}, \boldsymbol{Y}) = \sum_{i=1}^{k}((\boldsymbol{U}_i^{\top}\boldsymbol{X} \cdot \mathbb{1}^{\top}) \circ (\boldsymbol{V}_i^{\top}\boldsymbol{Y})), \qquad (14\text{-}7)$$

式中，$\mathbb{1} \in R^{\phi}$ 表示所有元素均为1的向量；ϕ 表示 $\boldsymbol{Y}$ 的通道号。

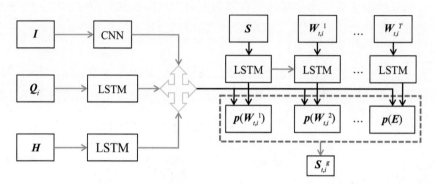

图 14-6　协同网络的第一阶段

3. 局限性

二阶段方法比一阶段方法更耗时。

14.4 视觉指代表达理解

在自然语言中，人们经常使用代词和缩写来指代同一个单词，以避免重复用词。代词导致了不清晰和不完整的结构，限制了机器对自然语言的理解。由于指代的存在，回答者不仅需要消除指代的歧义，还需要将指代与视觉场景中的目标对象联系起来，才能准确地理解提问者的意图并做出回答。因此，为实现机器视觉对话和复杂的视觉推理，人们提出了视觉指代消歧（Visual Pronoun Disambiguation）的方法。在视觉对话任务中，一些问题包含了准确定位图像内区域并准确回答问题所需的全部信息。而其他问题本身就是模糊的，需要从先前的问题中获得知识，以确定指代所指的具体区域。在存在歧义表达的情况下，这种视觉指代消解（Visual Reference Resolution）过程对于准确定位注意力至关重要，因此对于将视觉问答方法扩展到视觉对话任务具有重要意义。为了解决视觉指代消解的问题，近年来研究人员提出了许多方法。

1. 方法

（1）AMEM

Seo 等人 [10] 提出了一种基于注意力记忆指代消解的视觉对话模型。该框架使用记忆网络来记忆和存储从历史问答对中计算出的每个视觉注意力，并根据当前问题对存储的视觉注意力进行加权，以在句子级别执行视觉指代消歧。该框架通过对所有记忆字典应用加权注意力并将其与当前视觉注意力连接起来，以检索先前的视觉注意力图。

（2）CorefNMN

Kottur 等人 [11] 提出了一种用于视觉对话的神经模块网络结构 CorefNMN，它结合符号计算和神经网络，将视觉推理过程分解为几个基本操作，并通过指代池化（referent pool）存储会话历史中出现的实体。当遇到指代对象时，CorefNMN 通过查询模块将指代与目标视觉对象关联起来，从而实现词级的视觉指代消歧。

（3）RvA

Niu 等人 [12] 提出了递归视觉注意力方法，该方法采用递归策略。具体来说，这种方法首先确定当前问题是否清楚，然后再回答它。如果问题不清楚，则返回到与当前问题主题最匹配的问题，并递归地重复此过程，直到问题清楚并终止递归。通过递归回溯过程，RvA 方法显式地实现了词级别的视觉指代消歧。

（4）DAN

DAN [13] 包含两种注意力模块——REFER 和 FIND。具体来说，REFER 模块通过使用多头注意力机制学习给定问题和对话历史之间的潜在关系。FIND 模块将图像特征和指代感知表示（REFER 模块的输出）作为输入，并通过自底向上的注意力机制执行视觉定位。

2. 局限性

AMEM 和 CorefNMN 仅使用词级别或句子级别的表示，并且在识别问题的语义意图时遇到限制。这两种方法和 RvA 都存在局限性，因为它们存储了所有先前的视觉注意力，而对人类记忆系统的研究表明，由于其快速衰减的特性，视觉感知记忆不会存储先前所有的视觉注意力。

14.5 基于图的方法

随着现有研究的推进，研究人员已经开发了一系列方法，这些方法不仅限于学习实体表示，还可以挖掘实体之间的关系。由于图具有表示实体及其关系的天然特性，因此有几种视觉对话方法采用图网络来表示图像和对话的特征嵌入以及它们之间的关系。根据图网络中包含的实体类别，这些方法使用的图结构可以分为单模态图结构和跨模态图结构。

14.5.1　视觉表示的场景图

1. 动机

视觉对话涉及多个问题，涵盖与对象、关系或语义相关的广泛的视觉内容。Jiang 等人 [14] 认为现有模型只是将视觉特征提取为整体表示，因此在解决不同的问题时表达能力有限。因此，作者试图通过使用场景图来抽象对象嵌入及其关系，从而自适应地捕获与问题相关的细粒度视觉信息。

2. 方法

在解决复杂问题时，往往需要考虑一幅图像中的对象及其之间的关系，因此DualVD方法同时利用了一个场景图下的对象嵌入以及对象之间的关系，如图14-7所示。在场景图中，对象和对象之间的关系分别由节点和边表示。该模型包括视觉模块和语义模块两部分，其中"G"表示给出问题和历史对话的门控操作，视觉模块是使用场景图构建的。

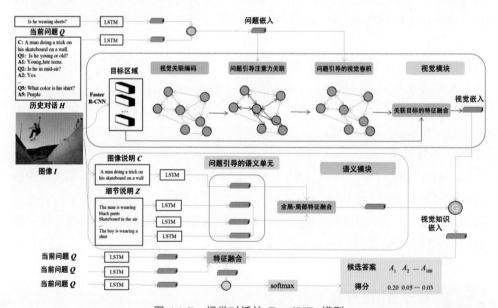

图 14-7　视觉对话的 DualVD 模型

此外，预训练的 Faster R-CNN [15] 和预训练的视觉关系编码器 [16] 被用来提取对象的初始嵌入及嵌入之间的关系。在初始化后，可借助场景图捕获与问题相关的对象嵌入和关系嵌入，以准确地回答当前的问题。在实践中，当前问题特征与历史对话相融合，生成一个全面的历史感知问题嵌入，用于指导捕获与问题相关的对象实例和关系。然后，采用问题引导的关系注意力机制，根据所有对象关系与生成的问题嵌入的相关性来学习一系列关键分数。对象关系由相应的注意力分数加权。随后，对象特征（场景图中的节点）通过问题引导的图卷积模块进行细化。

在细化阶段，对于每个节点，将与邻居节点的关系特征及其邻居的特征拼接起来，并使用问题嵌入来计算相关分数。得到的相关分数被认为是当前节点与其邻居的邻接关系。在细化之后，所有细化的关系感知对象特征通过对象关系信息融合模块与原始对象特征融合，以确保更新后的对象表示包含的对象外观和视觉关系具有适当比例。最后，通过融合所有获得的更新对象表示计算整幅图像的视觉特征。

3. 局限性

上面提到的这种图网络仅为视觉嵌入构建了场景图，并没有挖掘历史对话和问题的细粒度信息。

14.5.2　用于视觉和对话表示的图卷积网络

1. 动机

对话实体之间的潜在语义依赖对于视觉对话至关重要，而现有的方法在很大程度上忽略了对话中丰富的关系信息。尽管一些方法利用协同注意力机制来捕获跨模态相关性，但它们未能深入和迭代地挖掘和推理来自不同对话实体的信息，导致推理能力有限。为了解决这个问题，Zheng 等人 [17] 和 Schwartz 等人 [18] 提出构建图卷积网络来表示视觉对话，其中节点表示对话实体，边表示对话实体之间的语义依赖关系，从而实现深度迭代挖掘和推理。

2. 方法

VisDial-GNN 结构如图 14-8 所示，节点表示对话实体，即描述、问答对和未观察到的查询答案，边表示节点之间的语义依赖关系。该图由观察到的问答节点、未观察到的答案节点及其关系边构成。首先，每个节点的嵌入表示通过协同注意力层融合相应句子的图像特征和语言嵌入进行初始化，如图 14-8 中的特征嵌入模块所示。在使用特征嵌入初始化节点隐藏状态后，迭代推理由期望最大化（Expectation-Maximization, EM）算法启动，该算法涉及 M 步（估计边缘权重）和 E 步（更新未观察节点的嵌入）。随后，未观察到的节点的隐藏状态被视为答案嵌入，将其与预定义的候选答案融合以计算损失。融合嵌入后的多类交叉熵损失用于训练图神经网络。

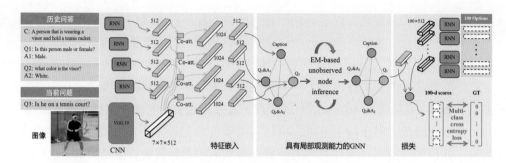

图 14-8　VisDial-GNN 结构

3. 因子图注意力

因子图注意力算法的因子图是在实用程序上定义的。在视觉对话设置中，实用程序包括图像 I、答案 A、描述 C 和过去交互的历史记录 $(H_{Q_t}, H_{A_t})_{t \in \{1, \cdots, T\}}$，如图 14-9 所示。每个实用程序都由基本实体组成，例如，一个问题由一系列单词组成，而一幅图像由空间有序的区域组成。

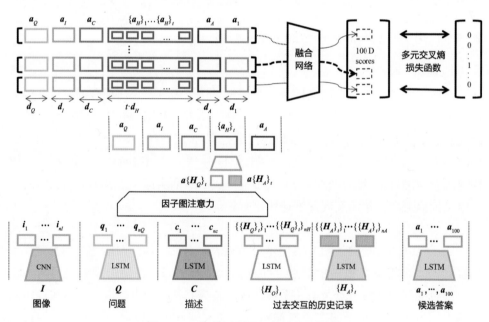

图 14-9　视觉对话因子图注意力结构

首先，使用预训练的图卷积网络模型和长短时记忆模型初始化图片工具和文本工具的嵌入表示。随后，每个工具的表示通过因子图中的两种因子进行更新，如图 14-10 所示。具体来说，Q, A, C, I, H_A 和 H_Q 分别表示问题、回答、描述、图像、历史回答和历史问题。有两种因子：（1）捕获效用内信息的局部因子，例如它们的实体表示，即 ψ_Q 和它们的局部相互作用，如 $\psi_{Q,Q}$；（2）捕获效用的任何子集间相互作用的联合因子，即 $\psi_{Q,A}$。T 是历史对话交互次数。局部因子捕获实用程序内的信息，例如它们的实体表示和局部交互，而联合因子捕获任何实用程序子集的交互。实用程序表示通过注意力机制更新，其中注意力值是在局部因子和联合因子的引导下获得的。最后，该算法将实用程序表示与每个预定义的候选答案融合，并为每个答案生成一个后验概率。该模型使用最大似然法进行训练。

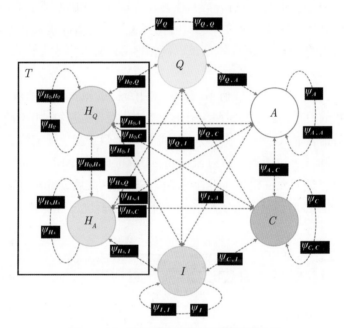

图 14-10　基于注意力的因子图的图表示

4. 局限性

这种基于图的方法仅支持对预定义的候选答案进行排序。

14.6 预训练模型

预训练模型已被证明可有效解决各种视觉-语言任务。本节介绍几种具有代表性的视觉对话算法，这些算法采用了基于 Transformer 结构的预训练模型。

14.6.1　VD-BERT

1. 动机

现有的方法主要使用单向注意力机制来模拟隐含的交互，即从对问题的回答、图像区域或对话历史中学习注意力。然而，这些方法不能全面、相互地考虑所有实体（图像、问题、历史对话和答案）之间的关系，从而无法利用所提供的多模态信息。为了完全捕获所有实体之间的复杂交互，Wang 等人[19] 提出了一种统一的视觉对话结构，它同时接收所有的实体并作为输入，并通过基于 Transformer 的双向注意力机制捕获这些实体之间的所有相互关系。作者在视觉和语言数据集上预训练了所使用的 Transformer 模型，以确保它可以管理多模态输入。

2. 方法

VD-BERT 结构如图 14-11 所示。首先，使用统一的视觉对话 Transformer 捕获所有实体之间的关系，使用预训练的 BERT 初始化设计的模型。由于使用的 BERT 模型专门针对语言输入进行了预训练，因此采用了两个基于视觉的训练任务，如掩码语言建模和下一句预测（Next Sentence Prediction，NSP），在 VisDial 数据集[1] 上预训练，进而允许模型同时管理多模态输入。此后，针对该充分预训练的模型，在一个视觉-对话任务中使用了一个排序优化模块进行了微调。

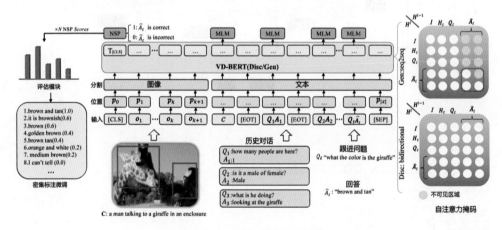

图 14-11　VD-BERT 结构

3. 局限性

统一的视觉-对话 Transformer 结构仅在 VisDial 数据集[1] 上进行了预训练，因此其泛化能力有限。

14.6.2　Visual-Dialog BERT

1. 动机

近年来，尽管视觉对话任务取得了相当大的进展，但大部分进展是孤立的，而且深度神经网络仅仅是在 VisDial 数据集上进行了训练。因此这些方法忽略了相关视觉-语言任务（例如，图像描述和视觉问答）中的大量共享知识，而这些知识对于视觉对话框架是有益的。因此，Jiang 等人[14]在其他相关的视觉和语言数据集上预训练了他们的模型，并将知识迁移到视觉对话任务中，以提高视觉对话的性能。

2. 方法

为了处理图像和文本这两种类型的信息，作者采用了 ViLBERT，它有两个基于 Transformer 的编码器，语言和视觉两种模态各有一个编码器。两种模态之间的交互由协同注意力层实现。

Visual-Dialog BERT 的训练过程如图 14-12 所示。首先，利用掩码语言建模和下一句预测任务对英文维基百科和 BooksCorpus[20]数据集对语言流进行预训练。接下来，为了在对 VisDial 数据集进行微调之前学习到更丰富的视觉表征，该模型通过两种简单有效的自监督学习任务，在大规模概念性描述和视觉问答数据集

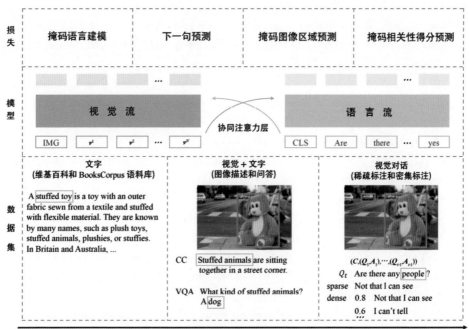

图 14-12　Visual-Dialog BERT 的训练过程

上进行训练，即掩码图像区域、掩码语言建模和下一句预测。最后，该模型通过掩码图像区域、掩码语言建模和下一句预测在VisDial[1]的稀疏标注（sparse annotations）上进行了微调，并选择性地在密集标注（dense annotations）上进行微调。

3. 局限性

该模型仅支持答案排序，不支持答案生成。

参考文献

[1] DAS A, KOTTUR S, GUPTA K, et al. Visual dialog.//Proceedings of the IEEE Conference on Computer Vision and Pattern Recognition. Honolulu, HI, USA:IEEE, 2017: 326-335.

[2] DE VRIES H, STRUB F, CHANDAR S, et al. Guesswhat?! visual object discovery through multi-modal dialogue.//Proceedings of the IEEE Conference on Computer Vision and Pattern Recognition. Honolulu, HI, USA: IEEE, 2017: 5503-5512.

[3] LIN T Y, MAIRE M, BELONGIE S, et al. Microsoft coco: Common objects in context.//Proceedings of the European Conference on Computer Vision (ECCV). Berlin, Heidelberg: Springer, 2014: 740-755.

[4] YOUNG P, LAI A, HODOSH M, et al. From image descriptions to visual denotations: New similarity metrics for semantic inference over event descriptions. Transactions of the Association for Computational Linguistics. Cambridge, MA, USA: MIT Press, 2014, 2: 67-78.

[5] LU J, KANNAN A, YANG J, et al. Best of both worlds: Transferring knowledge from discriminative learning to a generative visual dialog model. Proceedings of the 31st International Conference on Neural Information Processing Systems. Red Hook, NY, USA: Curran Associates Inc., 2017: 313-323.

[6] WU Q, WANG P, SHEN C, et al. Are you talking to me? reasoned visual dialog generation through adversarial learning.//Proceedings of the IEEE Conference on Computer Vision and Pattern Recognition. Salt Lake City, UT, USA: IEEE, 2018: 6106-6115.

[7] SIMONYAN K, ZISSERMAN A. Very deep convolutional networks for large-scale image recognition. arXiv preprint arXiv:1409.1556, 2014.

[8] GUO D, XU C, TAO D. Image-question-answer synergistic network for visual dialog.// Proceedings of the IEEE/CVF Conference on Computer Vision and Pattern Recognition. IEEE, 2019: 10434-10443.

[9] YU Z, YU J, FAN J, et al. Multi-modal factorized bilinear pooling with co-attention learning for visual question answering.//Proceedings of the IEEE international conference on computer vision. Venice, Italy: IEEE, 2017: 1839-1848.

[10] SEO P H, LEHRMANN A, HAN B, et al. Visual reference resolution using attention memory for visual dialog.//Advances in Neural Information Processing Systems. Red Hook, NY, USA: Curran Associates Inc., 2017: 3722-3732.

[11] KOTTUR S, MOURA J M, PARIKH D, et al. Visual coreference resolution in visual dialog using neural module networks.//Proceedings of the European Conference on Computer Vision (ECCV). Berlin, Heidelberg: Springer, 2018: 153-169.

[12] NIU Y, ZHANG H, ZHANG M, et al. Recursive visual attention in visual dialog.// Proceedings of the IEEE/CVF Conference on Computer Vision and Pattern Recognition. Long Beach, CA, USA: IEEE, 2019: 6672-6681.

[13] KANG G C, LIM J, ZHANG B T. Dual attention networks for visual reference resolution in visual dialog.//Proceedings of the 2019 Conference on Empirical Methods in Natural Language. Hong Kong, China: Association for Computational Linguistics, 2019: 2024-2033.

[14] JIANG X, YU J, QIN Z, et al. Dualvd: An adaptive dual encoding model for deep visual understanding in visual dialogue.//Proceedings of the AAAI Conference on Artificial Intelligence: volume 34. Palo Alto, California USA, 2020: 11125-11132.

[15] REN S, HE K, GIRSHICK R, et al. Faster r-cnn: towards real-time object detection with region proposal networks. IEEE transactions on pattern analysis and machine intelligence. Cambridge, MA, USA: MIT Press, 2016, 39(6): 1137-1149.

[16] ZHANG J, KALANTIDIS Y, ROHRBACH M, et al. Large-scale visual relationship understanding.//Proceedings of the AAAI conference on artificial intelligence: volume 33. Palo Alto, California USA: AAAI Press, 2019: 9185-9194.

[17] ZHENG Z, WANG W, QI S, et al. Reasoning visual dialogs with structural and partial observations.//Proceedings of the IEEE/CVF Conference on Computer Vision and Pattern Recognition. Long Beach, CA, USA: IEEE, 2019: 6662-6671.

[18] SCHWARTZ I, YU S, HAZAN T, et al. Factor graph attention.//Proceedings of the IEEE/CVF Conference on Computer Vision and Pattern Recognition. Long Beach, CA, USA, IEEE, 2019: 2039-2048.

[19] WANG Y, JOTY S, LYU M R, et al. Vd-bert: A unified vision and dialog transformer with bert. arXiv preprint arXiv:2004.13278, 2020.

[20] ZHU Y, KIROS R, ZEMEL R, et al. Aligning books and movies: Towards story-like visual explanations by watching movies and reading books.//Proceedings of the IEEE international conference on computer vision. Santiago, Chile: IEEE, 2015: 19-27.

第 15 章
CHAPTER 15

指代表达理解

指代表达理解（Referring Expression Comprehension，REC）旨在根据自然语言查询定位图像中的对象。与预定义查询对象标签的对象检测任务相比，指代表达理解问题只能在测试期间观察到查询。因为需要对复杂的自然语言和各种类型的视觉信息有全面的理解，因此很难实现指代表达理解。本章首先描述此任务，然后介绍为指代表达理解任务提出的几种流行数据集，例如RefCOCO、RefCOCO+和RefCOCOg，最后将指代表达理解领域的方法分为三大类：二阶段模型、一阶段模型和推理过程理解。

15.1 简介

指代表达理解是人机交互领域必不可少的一个基本模块，它也可以促进其他下游任务，例如视觉和语言导航[1]、图像检索[2]和视觉对话[3]。虽然计算机视觉和自然语言处理取得了重大进展，但指代表达理解仍然充满挑战。因为这项任务不仅需要处理各种类型的视觉信息，还需要全面了解语言的属性、关系和上下文信息。更重要的是，与对象检测不同，指代表达理解系统必须使用语言从许多候选对象中选择最佳对象，而不是使用预定义的类别标签对这些区域进行分类。因此，许多研究[4-9]试图从不同的角度更好地解决这个问题。

本章从数据集和模型两个方面回顾指代表达理解。首先，本章主要介绍五种主流的数据集：ReferItGame、RefCOCO、RefCOCO+、RefCOCOg 和 Flickr30k。然后，详尽回顾实现指代表达理解的方法，主要分为二阶段模型（15.3节）和一阶段模型（15.4节）。二阶段模型又可以分为联合嵌入模型、协同注意力模型和图模型。

15.2 数据集

　　针对指代表达理解任务，目前研究人员已提出了许多数据集。接下来的章节将从数据集的构建和主要特点方面介绍现有的主流指代表达理解数据集，如表15-1所示。

表 15-1　指代表达理解的主要数据集及其主要特点

数据集	图片数量/个	公式个数/个	目标个数/个	词平均长度/个	图像源
ReferItGame [10]	19,894	130,525	96,654	3.61	Image CLEF
RefCOCO [11]	19,994	142,209	50,000	3.61	MSCOCO
RefCOCO+ [11]	19,992	141,564	49,856	3.53	MSCOCO
RefCOCOg [4]	26,711	104,560	54,822	8.43	MSCOCO
Flickr30k Entities [12]	31,783	158,915	275,775	—	Flickr30k

1. ReferItGame

　　ReferItGame [10] 是第一个用于真实世界场景的大规模指代表达理解数据集，它包含了来自 ImageCLEF IAPR [13] 数据集的自然图像，以及来自 SAIAPR-12 [14] 数据集的分割区域。ReferItGame 数据集是通过一个双人互动游戏收集的，在这个游戏中，第一名玩家生成图像中相关对象的指代表达，第二名玩家需要根据对象的描述点击正确的位置。基于这款游戏，ReferItGame 数据集生成了 130,525 个指代表达，涉及 19,894 张图像中的 96,654 个不同对象。然而，这个数据集主要关注上下文而不是对象，通常图像只有一个特定类别的对象，这允许模型可以不考虑上下文的歧义性而生成简短的描述。

2. RefCOCO 和 RefCOCO+

　　RefCOCO [11] 和 RefCOCO+ [11] 也被收录在了 ReferItGame [10] 场景中，玩家尝试生成有效信息来向其他玩家指示正确的对象。在 RefCOCO 中，指代表达使用的语言类型不受任何限制，而 RefCOCO+ 不允许使用位置词，并专注于纯粹基于外观的描述。这些数据集中的图像来自 MS COCO [15] 数据集。RefCOCO 包含 19,994 张图像中 50,000 个对象的 142,209 个指代表达，RefCOCO+ 为 19,992 张图像中的 49,856 个对象生成了 141,564 个指代表达。这些数据集被分为训练集、验证集、测试集 A 和测试集 B。测试集 A 和测试集 B 分别只包含人和非人。

3. RefCOCOg

RefCOCOg[4] 是从 Amazon Mechanical Turk 上的非交互式场景中收集的。在收集过程中，一组工作人员负责为 MS COCO 图像中的对象编写出自然语言的指代表达，另一组工作人员负责根据指代表达点击指定的对象。如果点击区域与正确的对象重叠，则指代表达有效并添加到数据集中。如果不重叠，则为该对象考虑另一个指代表达。RefCOCOg 为 26,711 张图像中的 54,822 个对象引入了 85,474 个指代表达。RefCOCO 和 RefCOCO+ 中的指代表达的平均长度分别为 3.61 个词和 3.65 个词，而在 RefCOCOg 中，平均长度为 8.43 个词。

4. Flickr30k Entities

Flickr30k Entities[12] 由 31,783 张图像组成，它是在带有 224,000 个共指链的 Flickr30k[16] 数据集的基础上扩展了 158,000 个描述，并包含 276,000 个标注边界框。标注过程分为两个阶段：形成指代相同实体的共指链以及为结果链标注边界框。此工作流程可以通过识别共指引用来减少冗余，共指标注本质上是有价值的，例如，训练交叉描述共指模型。

15.3 二阶段模型

本节将介绍指代表达理解的二阶段（two-stage）方法。这些方法主要由两个阶段组成。第一阶段是使用预训练的检测器生成候选区域，例如 Faster-RCNN[17]。第二阶段将每个区域与输入查询进行比较，并输出一个相似度得分。在推理过程中，输出相似度最高的区域作为最终预测。在二阶段框架中，各种研究在第二阶段的基础上有所不同。我们将分三个小节描述二阶段方法，分别是联合嵌入方法、协同注意力方法和图模型方法。下面介绍每种方法的基本思想。

15.3.1 联合嵌入

1. 动机

联合嵌入的主要概念是通过将视觉和语言嵌入相同的特征空间，学习它们之间的映射关系。具体来说，这些方法通常使用卷积神经网络来生成丰富的图像表示，并将输入图像嵌入固定长度的向量中，如图 15-1 所示。由于语言是一种序列结构数据，因此使用了长短时记忆网络，它将整个语言编码为单个嵌入向量。在将视觉和文本表示嵌入相同的空间后，学习一个距离度量，并通过计算嵌入表征向量的距离相似度对所指区域进行排序，计算区域与文本短语之间的匹配得分，最终选择最佳匹配对象。

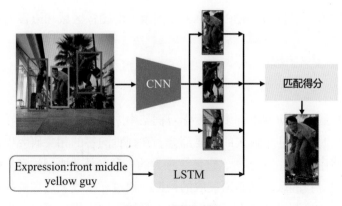

图 15-1 联合嵌入

2. 方法

Mao 等人[4]开发了第一个深度学习模型进行指代表达理解的模型。这种方法利用卷积神经网络从候选区域中提取视觉表示，并使用长短时记忆网络模型对语言特征进行编码。作为基线模型，该方法使用基于排序的方法选择最佳区域。作者生成了一组候选区域，模型按概率对这些区域进行排序。这种策略的优点类似于图像检索[18,19]，唯一的区别是图像被区域替换。此外，该方法可以解决指代表达理解生成的问题。在这个子任务中，使用最大互信息法生成指代表达理解，可以生成区分输入候选区域和其他候选区域的句子。

Yu 等人[11]试图同时解决理解和生成的问题，提出了一种视觉外观差异表示方法，可以表示目标区域与周围对象之间的差异，而不是使用一个通用特征来编码整体图像的上下文。特别地，作者选择了五个相同类别的比较区域作为上下文信息，以提高性能。此外，作者使用区域坐标来编码目标对象与周围其他对象之间的相对位置和大小差异。该模型具有较好的指代表达的生成和理解能力。

Zhang 等人[5]扩展了现有的方法，通过变分贝叶斯分析来学习上下文信息，该方法可以利用指代对象和周围信息之间的关系。作者认为目标和上下文都会影响后验分布的估计，该方法可以缩小上下文的搜索空间。具体而言，该模型由三个模块组成：上下文后验、指代后验和上下文先验。对于每个对象，模型首先计算一个粗略的上下文，这有助于完善指代表达理解的目标对象。随后每个模块将图像特征与特定提示的文本特征对齐，以帮助定位对象。通过这种方式，框架降低了上下文的复杂性，取得了较高的性能。

3. 局限性

尽管联合嵌入框架简单有效，但是会受到全局向量表示的限制，忽略了复杂的语言语义和各种类型的视觉信息。因此，当模型处理复杂的图像（如包含多个相似对象的图像）或长句子时，很难关注到重要的图像区域和语言词汇。

15.3.2   协同注意力模型

1. 动机

注意力机制已被应用于许多深度学习框架中。该框架确保模型在处理高维特征或冗余信息时，专注于输入的重要部分。在视觉问答的相关研究中，研究人员已经提出了使用协同注意力[20]，它是注意力的一种变体。协同注意力强调了模型必须在语言中寻找的区域和必须读取的词汇。通过在指代表达理解领域引入协同注意力机制，该机制已经取得了多项成果。具体来说，模型可以在视觉和文本信息之间建立细粒度的联系，以确保系统在对文本中的每个词进行编码时，可以利用来自多个感兴趣区域（RoI）的特征，反之亦然，从而实现语义丰富的视觉和文本表示。

2. 方法

Zhuang等人[6]认为传统框架将视觉和语言特征嵌入联合空间中以进行一步推理时，如果指代表达很长或很复杂，这样的过程无法将表达的多个部分与图像关联起来。为了解决这个问题，论文作者建立了一个并行注意力框架，递归地关注对象。该框架包括两个并行的注意力机制：图像注意力和区域注意力。图像注意力模块通过反复递归关注不同的图像区域来对整个图像和指代文本进行编码。该模块允许模型学习有用的上下文信息。相比之下，区域注意力模块会反复关注受指代描述影响的候选对象。最后，匹配模块利用图像级和区域级表示作为输入，以计算每个候选区域的匹配概率。

Deng等人[21]将指代表达理解任务分为三个连续的子任务：（1）提炼语言中的主要概念；（2）理解图像中的焦点；（3）搜索最相关的区域。作者提出了一种累积注意力（Accumulated Attention，A-ATT）方法来同时解决上述三个问题。如图15-2所示，该框架采用三个模块来提取查询、图像和对象注意力。蓝色、绿色和黄色分别代表问题、图像和目标的注意力。该方法采用累积过程来整合三种类型的注意力，并以循环方式解决它们，从而捕捉这些子任务之间的相关性。这样，在计算其他两个方面时，每种类型的注意力模块都可以作为指导。最后，累积的注意力会计算每个候选区域关注特征之间的相似度分数。来自语言和图像注意力模块的精练表示用于选择目标区域。

协同注意力机制方法通常与其他框架（例如图模型和一阶段模型）结合使用。

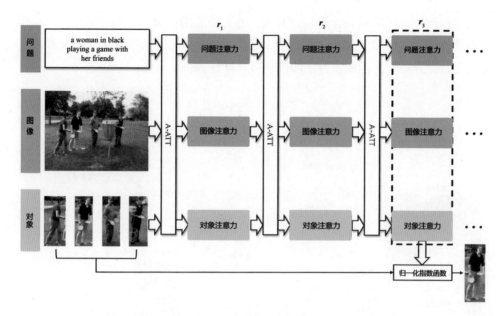

图 15-2　累积注意力

3. 局限性

虽然协同注意力机制可以关注图像区域和文本信息,但由于数据集通常没有提供相应的标注,这些基于注意力的方法不能保证分配正确的注意力。此外,这些方法没有考虑多个区域之间关系的复杂性。

15.3.3　图模型

1. 动机

解决指代表达理解任务的关键是学习能适应该指代表达的区分对象特征。为了避免歧义,这种指代表达通常不仅描述对象本身的属性,还描述对象与其邻居之间的关系。现有的方法只处理对象或只研究对象之间的一阶关系,而没有考虑指代表达的潜在复杂性。因此,研究人员提出了图模型方法,通过节点突出相关对象,利用边来识别指代表达中存在的对象关系。

2. 方法

Wang 等人 [7] 提出了一种语言引导的图注意力(Language-Guided Graph Attention,LGRAN)方法。如图 15-3 所示,LGRAN 包括三个模块,分别是语言自注意力模块、语言引导的图注意力模块和匹配模块。第一个模块利用自注意力机制将语言分解为三个部分:关系、类内关系和类间关系。语言引导的图注意力构造有向图、类内边和类间边的候选对象。最后,每个区域获得三种与指代表达相关的表示形式。匹配模块计算每个对象的相似度得分。此外，LGRAN可以根据关注图动态丰富区域的表示，以适应语言。此外，LGRAN可视化了对象和关系上的注意力分布，为理解该方法的推理可解释性提供了有效的基础。

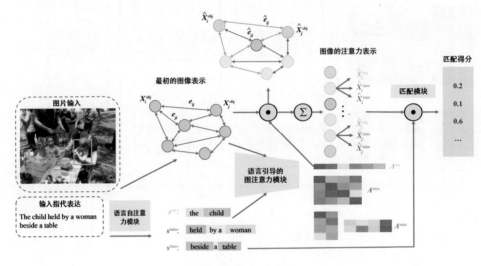

图 15-3　语言引导的图注意力

为了探索对象与指代表达之间潜在的复杂关系，Yang等人[22]提出了一种动态图注意力（Dynamic Graph Attention，DGA）网络，可以实现图像与语言之间交互的多步推理。给定一个图像和语言，该模型构建图像中对象的图，其中节点是对象，边是关系。同样地，语言词语也被整合到图中。接下来，差分分析器通过探索语言的结构来建立推理的指代表达引导模型，并在每个节点上更新复合对象表示。该模型通过预测的视觉推理过程的引导，在图上按顺序进行动态推理。最后，该模型计算复合区域与指代表达理解之间的相似度得分。DGA方法通过在图像中的对象之间关系的基础上进行多步推理，实现了高性能的表达理解。

Liu等人[23]认为全局上下文及其定位对象的相互关系对于实现正确的推理非常重要。作者构建了一个新的语言引导图，以捕获定位实体及其关系的全局上下文，并为视觉定位任务学习上下文感知的跨模态匹配。该框架分为四个部分：编码器网络提取语言和图像的特征；短语图网络通过在描述中添加短语关系线索来改进初始的词嵌入特征；视觉图网络通过在视觉对象图上的信息传播来丰富对象及其上下文的特征；指代表达理解任务被认为是短语与视觉对象图之间的图匹配问题。作者引入了基于图的相似度网络来预测语言和区域之间的节点和边缘相似度。这样，该方法可以在视觉图和文本图节点及关系边之间进行全局匹配，从而学习视觉基础的跨模态上下文。

3. 局限性

尽管图模型可以有效地处理多个以语言为条件的相关对象之间的关系，但面临两个问题：桥接非结构化数据与结构化数据之间的差异，例如，当使用图来建模语言信息时，词序会被破坏；学习关系之外的其他类型的特征，如颜色、大小和位置。因此，在图模型领域仍有相当大的改进空间。

15.4 一阶段模型

1. 动机

虽然现有的二阶段方法表现出了令人满意的性能，但这些框架在第一阶段就会不可避免地出现误差累积。如果在第一阶段不能捕获目标对象，无论第二阶段的性能如何，框架都会失败。此外，已有的一项研究表明，二阶段方法会产生很高的计算成本 [8]。对于每个候选对象，都必须进行特征提取和跨模态相似度计算。与二阶段模型方法相比，一阶段（one-stage）模型方法可以直接预测边界框，具有较高的速度和精度。

2. 方法

Yang 等人 [8] 提出了一种基于 YOLO v3 的一阶段指代表达理解模型。其中，使用 Darknet 从图像中提取特征金字塔，通过 BERT 从指代表达理解中获得语言特征。随后，将各层特征图与整个语言特征连接起来，输入检测模块，生成目标的边界框。此外，为了保证模型具有位置感知能力，由归一化坐标组成的空间特征也会连接到特征图中。

Sadhu 等人 [24] 开发了一种集检测框架和指代表达理解系统于一体的零样本定位（Zero-Shot Grounding Net，ZSGNet）方法。给定一个具有固定候选框的图像，综合任务是选择最佳候选框（也称为锚框）并将其回归得到一个紧密的边界框。与以往方法不同，ZSGNet 结构将图像-查询对输入网络中。图像用于生成不同比例的特征图，查询通过长短时记忆网络被编码为语言特征。候选框生成器在不同的比例和分辨率上产生候选框。随后，包含图像、候选框和语言的多模态特征图输入完全卷积网络中，以预测候选框的匹配分数。如图 15-4 所示，作者采用一个带有特征金字塔的 ResNet 提取不同比例尺的图像特征图，并利用 Bi-LSTM 提取语言表示。此外，该模型还利用焦点损失（focal loss）对目标对象内外区域进行分类。通过这种方式，ZAGNet 直接学习以端到端方式定位对象，并且在零样本设置方面明显优于现有的系统。

Luo 等人 [9] 提出了一种多任务协同网络，在一阶段模型内共同解决指代表达理解和指代分割问题。具体来说，作者试图通过以下两种方法解决两个指代表达

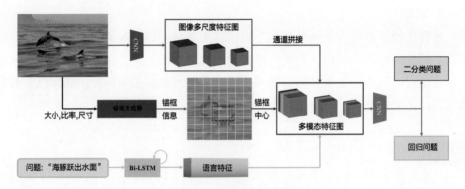

图 15-4 ZSGNet 模型

理解任务之间的冲突问题：一致性能量最大化，迫使两个任务为输入图像分配相似的注意力；ASNLS（Adaptive Soft NonLocated Suppression）在指代表达理解的基础上抑制指代分割中不相关区域的响应。此外，ASNLS 使模型在检测结果方面具有更高的容错能力。

3. 局限性

尽管一阶段方法具有更高的推理速度和具有竞争力的性能，但这些方法忽略了上下文信息，特别是在复杂指代表达的情况下。此外，现有的一阶段方法无法从模型中获得推理过程，使得后续的研究和改进变得困难。

15.5 推理过程理解

1. 动机

在指代表达理解任务中，现有的研究主要集中在如何在跨模态信息之间实现更好的融合。这些方法忽略了整个视觉-语言系统推理过程的可解释性。因此，为了解决这一问题，研究人员已经建立了几种视觉定位方法，这些研究的主要理念是将图像与被解析的语言联系起来，以获得对指代的全面理解。这样可以捕获整个推理过程，便于后续工作和相应的技术创新。

2. 方法

Yu 等人[25]提出了模块化注意力网络（Modular Attention Network，MAttNet）。首先，该方法将描述分为三个部分：主题、位置和关系。随后，作者设计了三个相应的视觉模块。主题模块处理类别、颜色、大小和其他属性。位置模块处理绝对位置和相对位置。关系模块侧重于上下文关系。每个模块处理不同的结构，并在自己的模块空间内学习参数，而不影响其他模块。此外，MAttNet 不依赖外部语言解析器，而是通过注意力机制（Attention mechanism）学习自动解析语言。最后，计算三个视觉模块的匹配分数来衡量图像与语言的相似度。由于采用了模块化网络，可以很容易地实现整个推理过程。

Liu 等人为理解系统提出了一种跨模态注意力引导擦除策略。该方法采用 MAttNet[25] 作为骨干网络。通过从语言或图像信息中删除最受关注的部分，该策略促使模型发现更多潜在的推理线索。并对原有的模块化网络进行了改进。具体而言，与仅使用跨模态信息学习词级和模块级注意力的模型相比，该方法考虑了图像和语言的全局特征。此外，该方法将位置模块和关系模块构建为具有句子级注意力的统一结构。

Yang 等人提出了一种递归子查询构建框架（Recursive Subquery Construction Framework），不同构造的子查询递归地缓解指代歧义。如图 15-5 所示，该模型在每轮中将对指代的中间理解表示为文本条件视觉特征，该特征开始时为图像特征，经过多轮更新，终止为用于框预测的融合视觉-文本特征。在每轮中，模型将新的子查询构造为一组带有分数注意力的单词，以完善视觉特征。这种多轮解决方案与现有的一阶段方法不同，它可以理解模型的运行并解释模型成败的原因。

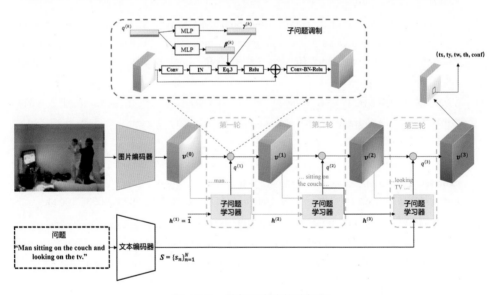

图 15-5 递归子查询构建框架

参考文献

[1] GAN C, LI Y, LI H, et al. Vqs: Linking segmentations to questions and answers for supervised attention in vqa and question-focused semantic segmentation.//Proceedings of the IEEE international conference on computer vision. Venice, Italy: IEEE, 2017: 1829-1838.

[2] CHEN K, BUI T, FANG C, et al. Amc: Attention guided multi-modal correlation learning for image search.//Proceedings of the IEEE Conference on Computer Vision and Pattern Recognition. Honolulu, HI, USA: IEEE, 2017: 2644-2652.

[3] ZHENG Z, WANG W, QI S, et al. Reasoning visual dialogs with structural and partial observations.//Proceedings of the IEEE/CVF Conference on Computer Vision and Pattern Recognition. Long Beach, CA, USA: IEEE, 2019: 6669-6678.

[4] MAO J, HUANG J, TOSHEV A, et al. Generation and comprehension of unambiguous object descriptions.//IEEE Conference on Computer Vision and Pattern Recognition (CVPR). Las Vegas, NV, USA: IEEE, 2016: 11-20.

[5] ZHANG H, NIU Y, CHANG S F. Grounding referring expressions in images by variational context.//IEEE/CVF Conference on Computer Vision and Pattern Recognition (CVPR). Salt Lake City, UT, USA: IEEE, 2018: 4158-4166.

[6] ZHUANG B, WU Q, SHEN C, et al. Parallel attention: A unified framework for visual object discovery through dialogs and queries.// IEEE/CVF Conference on Computer Vision and Pattern Recognition (CVPR). Salt Lake City, UT, USA: IEEE, 2018: 4252-4261.

[7] WANG P, WU Q, CAO J, et al. Neighbourhood watch: Referring expression comprehension via language-guided graph attention networks.// IEEE/CVF Conference on Computer Vision and Pattern Recognition (CVPR). Long Beach, CA, USA: IEEE, 2019: 1960-1968.

[8] YANG Z, GONG B, WANG L, et al. A fast and accurate one-stage approach to visual grounding.//IEEE International Conference on Computer Vision. Seoul, Korea (South): IEEE, 2019: 4683-4693.

[9] LUO G, ZHOU Y, SUN X, et al. Multi-task collaborative network for joint referring expression comprehension and segmentation.//IEEE Conference on Computer Vision and Pattern Recognition (CVPR). Long Beach, CA, USA：IEEE, 2020: 10034-10043.

[10] KAZEMZADEH S, ORDONEZ V, MATTEN M, et al. Referitgame: Referring to objects in photographs of natural scenes.//Proceedings of the 2014 Conference on Empirical Methods in Natural Language Processing (EMNLP). Doha, Qatar: Association for Computational Linguistics, 2014: 787-798.

[11] YU L, POIRSON P, YANG S, et al. Modeling context in referring expressions.// IEEE International Conference on Computer Vision. Berlin, Heidelberg: Springer, 2016: 69-85.

[12] PLUMMER B A, WANG L, CERVANTES C M, et al. Flickr30k entities: Collecting region-to-phrase correspondences for richer image-to-sentence models.//ICCV. Santiago, Chile: IEEE, 2015: 2641-2649.

[13] GRUBINGER M, CLOUGH P, MÜLLER H, et al. The iapr tc-12 benchmark: A new evaluation resource for visual information systems.//International workshop ontoImage. International workshop ontoImage. 2006, 2.

[14] ESCALANTE H J, HERNÁNDEZ C A, GONZALEZ J A, et al. The segmented and annotated iapr tc-12 benchmark. Computer vision and image understanding, 2010, 114(4): 419-428.

[15] LIN T Y, MAIRE M, BELONGIE S, et al. Microsoft coco: Common objects in context.//Proceedings of the European Conference on Computer Vision (ECCV). Berlin, Heidelberg: Springer, 2014: 740-755.

[16] YOUNG P, LAI A, HODOSH M, et al. From image descriptions to visual denotations: New similarity metrics for semantic inference over event descriptions. Transactions of the Association for Computational Linguistics. Cambridge, MA: MIT Press, 2014, 2: 67-78.

[17] REN S, HE K, GIRSHICK R, et al. Faster r-cnn: towards real-time object detection with region proposal networks. IEEE transactions on pattern analysis and machine intelligence. Cambridge, MA, USA: MIT Press, 2016, 39(6): 1137-1149.

[18] KIROS R, SALAKHUTDINOV R, ZEMEL R. Multimodal neural language models.// Proceedings of the 31st International Conference on International Conference on Machine Learning. JMLR.org, 2014: 595-603.

[19] MAO J, XU W, YANG Y, et al. Deep captioning with multimodal recurrent neural networks (m-rnn). arXiv Preprint, arXiv:1412.6632, 2015.

[20] LU J, YANG J, BATRA D, et al. Hierarchical question-image co-attention for visual question answering. Advances in neural information processing systems. Red Hook, NY, USA: Curran Associates Inc., 2016, 29: 289-297.

[21] DENG C, WU Q, WU Q, et al. Visual grounding via accumulated attention.//IEEE/ CVF Conference on Computer Vision and Pattern Recognition. Salt Lake City, UT, USA: IEEE, 2018: 7746-7755.

[22] YANG S, LI G, YU Y. Dynamic graph attention for referring expression comprehension.// IEEE International Conference on Computer Vision. Seoul, Korea (South): IEEE, 2019: 4644-4653.

[23] LIU Y, WAN B, ZHU X, et al. Learning cross-modal context graph for visual grounding.// The Thirty-Fourth AAAI Conference on Artificial Intelligence. Palo Alto, California USA: AAAI Press, 2020, 34(07), 11645-11652.

[24] SADHU A, CHEN K, NEVATIA R. Zero-shot grounding of objects from natural language queries.// IEEE International Conference on Computer Vision. Seoul, Korea (South): IEEE, 2019: 4694-4703.

[25] YU L, LIN Z, SHEN X, et al. Mattnet: Modular attention network for referring expression comprehension.// IEEE/CVF Conference on Computer Vision and Pattern Recognition (CVPR). Salt Lake City, UT, USA: IEEE, 2018: 1307-1315.

第5部分 + 总结与展望 +

最后，我们总结全书的内容，并讨论视觉问答领域未来可能的研究方向。

第 16 章
CHAPTER 16

总结与展望

16.1 总结

视觉问答是当前人工智能研究的一个重要课题，并与人工智能助手和对话系统等许多应用相关。作为一项跨学科的课题，视觉问答已经吸引了计算机视觉和自然语言处理等不同领域研究人员的广泛关注。视觉问答是一种典型的跨模态任务，它要求计算机同时理解视觉内容（图像和视频）和自然语言，在某些情况下，还需要理解常识。然而，要实现通用人工智能，仍然需要解决一些挑战。

在本书中，我们首先介绍了关于深度学习和问答任务的基础知识，为读者提供适当的背景知识。随后，我们介绍了几种典型的基于图像和视频的视觉问答方法。对于前者，我们首先描述了经典的视觉问答问题和解决方案，然后重点介绍了视觉问答的最新技术，如基于知识的视觉问答、视觉问答的视觉和语言预训练。对于视频视觉问答，我们主要关注视频表征学习和几种启发式模型。最后，我们介绍了基于文本的视觉问答中的几个高级话题，如具身问答、视觉对话、指代表达理解等，以拓宽读者的视野。

16.2 展望

16.2.1 视觉问答的可解释性

大多数现有的视觉问答模型都是一个黑盒模型：目前还不清楚这些模型是如何以及为什么做出预测的，也不清楚其决策依据。这种黑盒方法的性能增强往往趋于稳定。为了推动这一领域的发展，迫切需要明确这些模型的工作原理与运行逻辑。

注意力机制在这个方向上大有可为；然而，这种机制只是在图像（或问题）上可视化一个注意力图（如热图），以突出对回答该问题的重要部分。不存在明确的推理链条来说明模型如何以及为何获得答案的。

视觉问答机器[1]代表了研究的演进方向，它使用了注意力机制，但并不直接应用于图像。相反，这种机制应用于从图像中提取的事实支撑集。关注的支撑集被翻译成人类可读的句子，作为回答问题的理由。然而，这种模式下的支撑集是离散的。

一个可信的、可解释的视觉问答系统必须能够收集相关信息，并将它们关联起来，以回答问题并提供可信的解释。为此，机器必须充分理解和链接图像、问题和知识，并在逻辑链上进行推理。

16.2.2　消除偏见

偏见不仅存在于收集的数据集中，而且存在于现实场景中。例如，我们看到的红苹果比青苹果多，我们骑自行车的频率比推自行车的频率高。因此，当图片中出现一个青苹果或一个人在推自行车时，如果我们查询正在吃的苹果的颜色或这个人正在做的活动，大多数现有模型可能会回答红色或骑行。为了消除这种"偏见"，有两种可能的解决方案：在所有场景中包含大约相同数量的数据，以及增强模型的推理能力（使模型意识到它们为什么会做出某种预测）。

最近的一些研究[2-4]表明，许多视觉问答模型回答问题时没有推理，过度依赖于问题和答案之间的表面相关性（偏差）。为了降低与视觉问答相关的挑战，许多现有的方法主要集中在减少语言偏见方面[5,6]。

为了克服视觉问答中的语言偏见，人们已经提出了许多方法[4-17]。这些方法可以分为两类，具体来说，基于数据增强和非基于数据增强。基于数据增强的方法[7,9,12,15,17-19]试图平衡有偏见的数据集进行无偏训练，而非基于数据增强的方法[4-6,8,10,11,13,16]试图显式地减少语言偏见或提高对图像的注意力。

在非基于数据增强方法方面，Ramakrishnan等人[6]在视觉问答模型和纯问题模型之间采用了对抗学习，以防止视觉问答模型捕获语言偏见。受到文献[6]的启发，Cadene等人[5]根据样本的偏见程度动态调整样本的权重。此外，这几种方法引入了基于人类的视觉和文本解释来加强视觉定位。然而，这些方法需要人工标注，而这些标注很难获得。此外，Niu等人[13]引入了因果关系来研究语言偏见，并提出了一个反事实推理框架来减少偏见。然而，这个框架导致在推理中引入了额外的参数。

在基于数据增强的方法的背景下，为了确保视觉问答模型集中在关键对象和单词上，Chen 等人 [7] 提出了一种 CSS 方法，通过掩码关键对象和单词并分配相应的真值答案来生成大量的反事实样本。为了充分利用样本，Liang 等人 [12] 建立了原始样本、事实样本和反事实样本之间的关系模型，以促进高阶特征的学习。另外，Mutant 等人通过对原始图像或问题进行语义转换生成样本。此外，在不引入额外标注的情况下，以下方法 [17, 19] 可从可用样本中构建负样本来平衡数据集。

此外，另一个问题是，从数据集中捕获的某些"偏见"可能代表现实世界中的自然规则，即常识。这种偏见对模型是无害的，事实上，模型可能会从中受益。例如，"狗"是一种"动物"，"橘子"的颜色通常是"橙色"的。因此，过滤和消除语言和视觉模式中真正的负面偏见仍然是一项具有挑战性的任务。

16.2.3　附加设置及应用

现有的视觉问答任务只涵盖了真实世界场景的一部分。仍有成千上万的领域尚未触及，例如教育场景的视觉问答和驾驶、飞行、潜水的视觉问答。模型面临的挑战通常随着场景的变化而变化，未来的工作可以集中于将现有的视觉问答技术应用到更多的应用场景中，以方便我们的生活。

视觉问答已被引入许多领域，例如医学视觉问答致力于解答医疗从业人员和患者提出的问题。此外，这一概念已应用于机器人领域，例如，以具身视觉问答的形式，使虚拟机器人能够在模拟环境中回答问题。我们相信视觉问答可以在不同的环境下被整合到更多的下游应用中。

参考文献

[1] WANG P, WU Q, SHEN C, et al. The vqa-machine: Learning how to use existing vision algorithms to answer new questions.//Proceedings of the IEEE Conference on Computer Vision and Pattern Recognition. Honolulu, HI, USA:IEEE, 2017: 1173-1182.

[2] AGRAWAL A, BATRA D, PARIKH D, et al. Don't just assume; look and answer: Overcoming priors for visual question answering.//Proceedings of the IEEE Conference on Computer Vision and Pattern Recognition. Salt Lake City, UT, USA: IEEE, 2018: 4971-4980.

[3] KAFLE K, KANAN C. An analysis of visual question answering algorithms.//newblock Proceedings of the IEEE International Conference on Computer Vision. Venice, Italy: IEEE, 2017: 1965-1973.

[4] SELVARAJU R R, LEE S, SHEN Y, et al. Taking a HINT: leveraging explanations to make vision and language models more grounded.//Proceedings of the IEEE International Conference on Computer Vision. Long Beach, CA, USA: IEEE, 2019: 2591-2600.

[5] CADÈNE R, DANCETTE C, BEN-YOUNES H, et al. Rubi: Reducing unimodal biases for visual question answering.// Proceedings of the 33rd International Conference on Neural Information Processing Systems. Red Hook, NY, USA: Curran Associates Inc., 2019: 839-850.

[6] RAMAKRISHNAN S, AGRAWAL A, LEE S. Overcoming language priors in visual question answering with adversarial regularization.// Proceedings of the 32nd International Conference on Neural Information Processing Systems (NIPS'18). Red Hook, NY, USA: Curran Associates Inc., 2018: 1548-1558.

[7] CHEN L, YAN X, XIAO J, et al. Counterfactual samples synthesizing for robust visual question answering.// Proceedings of the IEEE Conference on Computer Vision and Pattern Recognition. Long Beach, CA, USA：IEEE, 2020: 10797-10806.

[8] GAT I, SCHWARTZ I, SCHWING A G, et al. Removing bias in multi-modal classifiers: Regularization by maximizing functional entropies.// Proceedings of the 34th International Conference on Neural Information Processing Systems (NIPS'20). Red Hook, NY, USA: Curran Associates Inc., 2020: 3197-3208.

[9] GOKHALE T, BANERJEE P, BARAL C, et al., 2020. MUTANT: A training paradigm for out-of-distribution generalization in visual question answering.// Proceedings of the conference Empirical Methods in Natural Language Processing. Long Beach, CA, USA：IEEE, 2020: 878-892.

[10] JING C, WU Y, ZHANG X, et al. Overcoming language priors in VQA via decomposed linguistic representations.//newblock /Proceedings of the AAAI conference on artificial intelligence. Palo Alto, California USA:AAAI Press, 2020: 11181-11188.

[11] KV G, MITTAL A. Reducing language biases in visual question answering with visually-grounded question encoder.//newblock Proceedings of the European Conference on Computer Vision. Long Beach, CA, USA：IEEE, 2020: 18-34.

[12] LIANG Z, JIANG W, HU H, et al. Learning to contrast the counterfactual samples for robust visual question answering.//newblock Proceedings of the Conference Empirical Methods in Natural Language Processing. Long Beach, CA, USA：IEEE, 2020: 3285-3292.

[13] NIU Y, TANG K, ZHANG H, et al. Counterfactual VQA: A cause-effect look at language bias. arXiv preprint arXiv:2006.04315, 2020.

[14] TENEY D, ABBASNEJAD E, VAN DEN HENGEL A. Learning what makes a difference from counterfactual examples and gradient supervision.// Proceedings of the European Conference on Computer Vision. Berlin, Heidelberg: Springer, 2020: 580-599.

[15] TENEY D, ABBASNEJAD E, VAN DEN HENGEL A. Unshuffling data for improved generalization. arXiv preprint arXiv:2002.11894, 2020.

[16] WU J, MOONEY R J. Self-critical reasoning for robust visual question answering.//Proceedings of the 33rd International Conference on Neural Information Processing Systems. Red Hook, NY, USA: Curran Associates Inc., 2019: 8601-8611.

[17] ZHU X, MAO Z, LIU C, et al. Overcoming language priors with self-supervised learning for visual question answering.//Proceedings of the Twenty-Ninth International Joint Conference on Artificial Intelligence (IJCAI'20). International Joint Conferences on Artificial Intelligence Organization, 2020: 1083-1089.

[18] ABBASNEJAD E, TENEY D, PARVANEH A, et al. Counterfactual vision and language learning.//Proceedings of the IEEE Conference on Computer Vision and Pattern Recognition. Long Beach, CA, USA：IEEE, 2020: 10041-10051.

[19] TENEY D, ABBASNEJAD E, KAFLE K, et al. On the value of out-of-distribution testing: An example of goodhart's law.// Advances in Neural Information Processing Systems 33 (NeurIPS 2020). Red Hook, NY, USA: Curran Associates, Inc., 2020: 407-417.